몸과 마음을 치유하는 미생물 이야기

# 몸과 마음을
## 치유하는
# 미생물
# 이야기

• 최철한 지음 •

 라의눈

# 흙, 물, 바람으로부터
# 음식으로 내 몸속으로,

# 균은 순환하고 우리를 치유한다

이 책을 쓰게 된 계기는 하나의 의문이었다. 〈생태치유학교 그루〉 강의를 하면서 느슨하게 닫힌 순환 시스템을 설명할 때다. 생명체는 느슨하게 닫힌 피부나 껍질을 통해 외부와 교류한다. 그렇다면 무엇을 교류한다는 것일까? 기? 에너지? 영양분? 수분? 최신 논문을 종합하면 교류하는 것은 균이라 할 수 있다.

예전에는 균을 악마 같은 존재로 여겼는데, 왜 지금은 인체 전반을 치료하는 묘약으로 여기는 것일까? 무엇이 어디에 좋다는 단편적인 결론보다 왜 좋은지 그 원리부터 알아야 한다. 인류는 균과 공생하며 진화해 왔다. 인체 내에는 60조 개의 자체 세포보다 더 많은 장내세균이 존재하는데, 잘 알려진 장내세균총뿐 아니라 피부, 안구,

질, 구강에도 각각의 세균총이 있다.

이들 세균총과의 교류가 인간의 건강과 생명 유지에 필수적이며, 다양한 질환 치료에도 매우 중요하다는 사실이 밝혀지고 있다. 장–뇌gut-brain 축, 장–심장gut-heart 축, 장–당뇨병, 장–정신질환 등이 대표적 예이다. 장내세균총은 다시 피부세균총, 구강세균총, 질세균총 등과 서로 영향을 미치며 교류한다. 이들 세균총을 하나의 전체라 할 수 있다.

식물 또한 바다에서 육지로 올라오면서 균근 및 균과 공생하며 살아왔다. 사람과 동물이 장내세균과 공생하듯이 식물 세포 속에도 공생하는 균이 있는데 이를 내생균endophyte이라 한다. 동물의 미토콘드리아와 식물의 엽록체도 애초에 세균이었다. 그런데 식물의 내생균과 사람의 장내세균, 토양의 세균을 구분할 수 있을까?

토양 세균이 식물 속으로 들어가면 식물의 내생균이 되고, 사람과 동물이 그 식물을 먹으면 식물의 내생균은 사람과 동물의 장내세균이 된다. 장내세균이 대변으로 나오면 그때부터 토양 세균이 된다. 공기 중에도 세균의 내생포자endospore가 떠다니는데, 장내로 들어오면 장내세균이 되었다가 대변으로 나오면 토양 세균이 된다. 이처럼 균은 토양, 공기, 식물, 동물, 사람 사이를 (느슨하게 닫힌 채) 순환하고 있다. 토양 세균이 인체 내로 들어오지 않더라도, 즉 피부에 닿아 피부세균총에 영향만 주어도 장내세균총이 변하고 그 효과가 전신에 파급된다. 모든 것이 연결되어 있다.

그런데 미생물 조성에 큰 영향을 미치는 것이 환경이다. 환경이 변하면 토양 세균, 식물 내생균 그리고 사람의 장내세균총도 변한다. 따라서 실제로 중요한 것은 프로바이오틱스나 건강기능식품이 아니라 내게 적합한 생태환경이다. 숲과 고산, 갯벌, 바위, 냇가 등 다양한 생태환경이 피부세균총과 비강세균총 등에 변화를 일으키고, 그 즉시 장내세균총에도 변화가 일어난다. 이어서 뇌, 심장, 혈액, 폐, 생식기, 소화기 등이 따라서 변화한다.

이 책은 미생물의 관점에서 생태치유를 설명하고 있다. 휴양의학, 한의학, 맨발 걷기, 마크로비오틱, 숲치유, 농업치유, 플랜테리어 등에 적용할 수 있다. 환경을 바꾸면 인체의 다양한 세균총도 바뀌기에, 자신에게 적합한 생태환경이 내 몸을 치유하는 것이다.

필자는 한의사로서 자연과의 합일을 통한 치유가 가장 한의학적이라고 생각한다. 다양한 분야의 학문과 전문가를 접하면서 이 책을 쓸 수 있었다. 함께 공부하면서 힘이 되어 준 장중엽, 고화선 원장님을 비롯한 〈생태치유학교 그루〉 식구들에게 감사드린다. 자연을 바라보는 시각을 갖게 해준 〈대한형상의학회〉에도 고마움을 표한다. 이 책에 영감을 주신 이영민 공간사부작 대표님, 원고를 교정해 주신 박민수 원장님과 고소진 싱잉볼 선생님께도 감사드린다. 마크로비오틱의 세계를 알려 주신 이양지 선생님께 감사드리고, 다양한 생태환경을 사진으로 보여준 이영은 원장님께도 감사를 전한다. 생태환경 탐사에 동반해준 아내 문성희와 아들 최지훈에게도 고맙다는 말을 전하며, 한의원을 잘 지켜주신 김현실 선생님에게도 감사드린다. 마지막으로 이 책에 생명력을 주신 라의눈출판사에 정말 감사드린다.

# 미생물 세계의 문을
# 열기 전에

미생물微生物이란 말 그대로 작은 생물이다. 정확히 말하자면 사람의 눈에 보이지 않을 정도인 0.1㎜ 이하의 작은 생물이다. 그러면 생물은 눈에 보이는 큰 생물과 미생물로 분류되는 걸까? 그렇지는 않다. 지금부터 미생물이 무엇인지 가늠해보려 한다. 사실 어떤 분류체계든 한계는 있다. 생물 같기도 하고 무생물 같기도 한 존재도 있고, 동물 같기도 하고 식물 같기도 한 생명체도 있기 마련이다.

우리는 지구상에 존재하는 생명체 전부를 알지도 못한다. 지표 아래에, 심해 바닥에, 고산과 빙산에 어떤 생명체가 살고 있는지 아무도 모른다. 더욱이 눈에 보이지 않는 미생물은 말할 것도 없다. 우리가 알고 있는 미생물이 지구 전체 미생물의 10%라고 하는 추정도 과대평가일지 모른다.

아무튼 현대 분류학은 생명체를 원핵생물과 진핵생물로 나눈다. 세포핵의 상태가 그 기준이라는 말이다. 세포핵이 핵막으로 둘러싸여 있으면 진핵생물, 핵막을 가지지 못한(세포 구성 물질은 존재한다) 생물이 원핵생물이다. 원핵생물에는 세균과 고균이 있는데 대부분 단세포동물이란 특징을 가진다.

우선 세균은 우리가 익히 알고 있는 유산균, 대장균, 결핵균, 포도상구균 같은 것들을 말한다. 세균 중에서 병을 일으키는 균을 특별히 병원성 세균(병균)이라 칭하는데, 세균과 병균을 동일시함으로써 세균이란 말도 부정적으로 인식되고 있다.

그런데 세균이 아닌 고균은 무엇일까? 고균은 세균과 무엇이 다를까? 고균古菌, 혹은 고세균古細菌은 단세포생물이고 핵막이 없다는 점에서 세균과 동일하지만, 세포벽과 세포막 구성, DNA 복제와 단백질 생성, 유전자 등이 세균으로 분류하지 못할 정도의 차이를 보인다. 고균에는 메탄생성균, 극호염성균, 호열성균, 초고온성균 등이 있는데 이름만 들어도 짐작할 수 있듯이 고온, 고염 등 극한의 환경에서 살아가는 부류들이 많다. 지표 수천 미터 아래나 염전, 염호, 온천, 산성 광산의 폐수 등에서 발견된다.

이제까지 원핵생물(세균, 고균)에 대해 설명했다. 원핵생물과 구분되는 진핵생물에는 동물과 식물뿐 아니라 균계와 원생생물계도 포함된다. 앞에서 세균, 고균 얘기를 다 했는데, 다시 '균계菌界'라는 말이 등장하니 의아할 수 있다. 진핵생물의 일종인 균계는 효모, 버섯, 곰팡이 등을 말하는데 이를 세균과 대립되는 의미에서 진균眞菌이라 부른다.

진균이 '진眞'이라는 수식어를 얻게 된 것은 세균과 달리 세포핵을 가지고 있기 때문이다. 진균은 단세포 생물(효모)일 수도 있고 다세포 생물(곰팡이)일 수도 있다. 진균 중에서도 병을 일으키는 것을 병원성 진균이라 한다. 우리에게 가장 친숙한 진균은 아마도 무좀을 유발하는 백선균일 것이다. 무좀 연고에 '항진균제'라 표시된 이유가 이것이다. 균계(진균)는 다른 생명체와 유기물에 기생 혹은 부생腐生하며, 대기 중이나 물속, 땅속에 포자를 퍼뜨려 번식하는 것이 특징이다.

진핵생물 중에서 동물, 식물, 균계에 대해 설명했다. 나머지 하나가 원생생물계인데 진핵생물이면서 동물, 식물, 균계에 속하지 않는 모든 것을 일컫는다. 녹조류, 갈조류, 홍조류 등 조류가 여기에 포함된다. 원생생물계라는 분류는 애초에 '무엇 아닌 것들'을 말하는 것이어서 분류학자들 사이에서도 논란의 대상이다.

마지막으로 생물과 무생물의 경계에 있는 바이러스에 대해 알아보자. 바이러스는 단백질과 핵산 구조로 이루어져 단독으로 생존할 수 없는 반쪽 생명체다. 즉 살아 있는 생물 안에서만 증식이 가능하다. 동물, 식물뿐 아니라 세균도 바이러스의 숙주가 될 수 있다.

여기까지가 미생물이 무엇인지 파악하기 위한 간략한 사전 설명

| 생물 | | 비세포 물질 |
|---|---|---|
| 원핵생물 | 진핵생물 | |
| 세균계 | 동물계 | |
| 고균계 | 식물계 | 바이러스 |
| | 균계(효모, 버섯, 곰팡이 등) | |
| | 원생생물계(조류 등) | |

• 초록색으로 표시된 것이 공생 미생물이다.

이었다. 정리하자면 미생물이란 분류학상 세균, 고균, 균류(진균), 조류(원생생물계), 바이러스를 말한다. 이들이 동물과 식물에 공생하게 되면 '공생 미생물'이 되는 것이다.

미생물은 자연계에 편재한다. 토양에도 수중에도 공기 중에도, 동물과 식물의 몸속에도 미생물의 우주가 펼쳐져 있다. 건강한 흙 1g에 10억 마리 이상의 미생물이 존재한다. BBC에 따르면 인간의 피부 1㎠당 1만~100만 마리의 박테리아가 서식한다. 인체 세포는 성인 기준으로 60~100조 개인데, 우리 몸속의 공생 미생물은 이보다 10배나 많다. 최근 유명해진 장내세균총뿐 아니라 피부, 구강, 비강, 질에도 세균총이 존재한다.

인간의 관점에서 미생물을 유용한 것, 유해한 것, 중립적인 것으로 분류하지만 애초에 나쁜 균과 좋은 균이 따로 존재하지 않는다. 인체의 균형이 깨지거나 환경이 교란되면 유용했던 균도 유해해질 수 있다. 비타민을 만들어내던 대장균이 식중독을 일으키고, 자외선으로부터 피부를 지켜주던 피부 미생물이 피부질환을 유발하기도 한다.

미생물은 지구 환경과 생명체 내부를 끊임없이 순환하며 그것들을 지속 가능하게 해준다. 미생물을 빼고서는 환경도 생명도 논할 수 없음이다. 우리 몸과 마음의 치유를 위해서 미생물에 주목할 때다.

# 차례

## 1장     나무, 숲, 미생물 이야기

## 2장     몸과 마음을 치유하는 장내세균

## 5장　건강의 열쇠, 흙과 물

## 6장　도시인을 위한 생태치유

**일러두기** ————————————

책에 실린 이미지에서 Ⓦ 표시는 Wikimedia Commons에서 CC로 공개된 것, Ⓓ 표시는 dreamstime.com에서 구입한 것,
'copilot'는 AI 프로그램(copilot)이 만든 그림이다. 책에 수록된 지도는 구글 지도를 바탕으로 했다.

1장

나무,
숲,

미생물 이야기

# 1 식물은 서로 돕고 나누며 산다

## 바위 소나무의 비밀

높은 산이나 능선의 바위 위에서 자라는 소나무가 있다. 어떻게 풀도 아닌 큰 나무가 바위 위에서 자랄 수 있을까? 나무의 뿌리는 어떻게 바위를 파고들었으며, 파고들었다 한들 물 한 모금, 흙 한 줌 없는 곳에서 저렇듯 독야청청할 수 있을까?

여기에 인간의 눈에는 보이지 않는 자연의 '섭리'가 존재한다. 섭리라는 말이 거슬린다면 '과학'이라고 표현해도 문제가 없다. 바위 위에서 사는 소나무에는 두 가지 과학이 작용한다. 바로 '지의류'와 '균근'이다. 우선 지의류地衣類(균류와 조류가 조합을 이루어 공생하는 생물)는 바위를 부수는 효소를 배출하고, 지의류 몸통은 소나무에게 유기물을 제공한다. 작고 하찮아 보이는 생명체가 만든 기적이다.

다음은 균근菌根인데, 균과 특별한 관계를 형성하고 있는 식물의 뿌리를 일컫는 용어다. 마치 복잡한 지하철 노선처럼 균근들은 땅속

바위에 붙어 자라는
소나무

에서 서로 긴밀히 연결되어 있다. 이 네트워크를 이용해 멀리 떨어진 시냇가에서 물을 끌어올 수도 있고, 상대적으로 좋은 조건의 토양에서 자라는 나무로부터 영양분을 얻어올 수도 있다.

## 7억 년 전 시작된 획기적인 사건

균근mycorrhiza은 곰팡이myco와 뿌리rhiza를 뜻하는 그리스어에서 유래된 말인데, 토양 속의 균과 공생하는 식물의 뿌리를 일컫는다. 공생하려면 서로 주고받는 것이 있어야 한다. 균은 식물을 대신해 물과 무기물을 흡수해주고, 식물은 광합성으로 만든 유기물을 균에게 제공한다.

이렇게 균근에서 살아가는 균을 '균근균'이라 한다. 균근균이 나무의 뿌리 안에 들어가 자라기도 하고(내생균근), 나무의 잔뿌리 끝에 균피를 형성하고 세포 조직에 침투하는(외생균근) 방식을 쓰기도 한다. 발음하기 어려운 이 '균근균'은 지구상에 100만 종 이상이 존재하는데, 이는 지구 전체 식물 수의 6배에 달하는 수치다.

**균근과 식물의 공생**
Salsero35, Nefronus Ⓦ

그렇다면 '균근'이란 특별한 공생관계는 언제 시작되었을까? 지구의 역사를 거슬러 올라가 보자. 모든 생명체와 마찬가지로 식물 역시 바다에서 시작되었다. 7억 년 전 지구의 육지에는 식물이 없었고, 바다에만 해조류 형태로 존재했다. 7억 년에서 4억 5천만 년 전, 바다 식물들이 육지로 올라오기 시작하는데 이때 문제가 생겼다. 광합성을 하려면 물이 필수인데 육지에서는 물을 얻는 것이 쉽지 않았다. 고생대 식물들은 자신에게 물, 미네랄, 영양분을 공급해 줄 수 있는 균과 일종의 계약을 맺게 된다. 이는 지구 생명의 역사에서 매우 획기적인 사건이 아닐 수 없다.

## 식물은 왜 균근에게 아웃소싱을 할까?

식물도 자기 뿌리와 잔뿌리를 뻗어 물과 영양분을

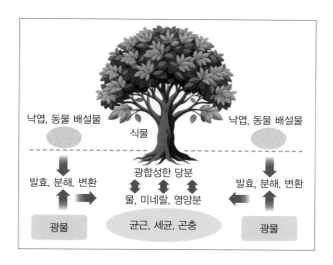

낙엽, 동물 배설물　　식물　　낙엽, 동물 배설물

발효, 분해, 변환　　광합성한 당분　　발효, 분해, 변환

물, 미네랄, 영양분

광물　　균근, 세균, 곤충　　광물

**땅속에서 일어나는
복잡한 교류**

흡수할 능력이 있다. 그런데 그것보다 균근에게 외주를 주는 것이 효율적이라 판단해서 그런 방식으로 진화했을 것이다. 식물의 잔뿌리에 착생하는 균근은 미세한 관상 필라멘트로 이루어져 있다. 즉 벽이 얇고 복잡한 구조물이 없기에 식물이 뿌리를 만드는 것보다 에너지가 훨씬 적게 든다.

게다가 균근 하나하나는 미세하지만, 서로 네트워크를 이뤄서 식물이 닿을 수 없는 깊은 땅속의 물과 희소한 미네랄, 영양분에도 접근할 수 있고, 효소를 분비해서 단단한 광물을 부술 수 있으며, 질소, 인, 철 등의 무기물을 식물이 흡수하기 쉬운 형태로 바꿔주기도 한다. 식물이 필요로 하는 인의 80%, 질소의 20%가 균근을 통해 공급된다.

여기서 끝이 아니다. 지상에 있는 낙엽, 나뭇가지, 동물의 배설물이 세균이나 곰팡이에 의해 분해되면, 균근을 거쳐 식물의 잔뿌리로 흡수된다. 사람이 음식을 먹으면 위장에서 소화효소를 분비하고, 장내세균이 발효, 분해해서 소장과 대장에서 흡수하기 쉬운 형태로 바꿔주는 것과 유사하다.

균의 입장에서도 식물이 꼭 필요하다. 생존에 필수적인 탄수화물을 스스로 합성할 수 없기 때문이다. 상부상조라 할 수도 있고, 서로 '잘하는 일을 하자'라는 역할 분담일 수도 있다.

## 세상의 나무들은 균근으로 연결되어 있다

1997년 여름, 과학계가 술렁였다. 전 세계 이름난 과학자들이 평생 한 번이라도 실리고 싶어 하는 네이처지의 표지를 일개 대학원생의 논문이 차지했기 때문이다. 8월호 네이처지의 표지를 장식한 논문의 주인공은 수잔 시마드Suzanne Simard, 무엇이 콧대 높은 심사위원들을 매료시킨 것일까?

시마드는 종이 다른 두 나무가 균근 네트워크를 통해 탄소를 교환한다는 사실을 증명했다.[1] 광합성 작용이 활발한 활엽수인 '자작나무'와 광합성 작용이 약한 침엽수인 '어린 미송' 사이에서 일어난 일이다. 자작나무는 어린 미송에게 탄소를 나눠주었는데, 특히 그늘에서 자라는 어린 미송에게 더 많은 탄소를 주었다. 마치 어리고 약한 아이를 보살펴 주듯이 말이다.

자작나무와
어린 미송의
균근 네트워크
copilot

**다른 종 사이의 교류**
Charlotte Roy, Salsero35,
Nefronus®

식물은 생물학적 종이 다르더라도 땅속의 균근 네트워크를 통해 서로 연결되어 있고 소통할 수 있다는 뜻이다. 네이처지는 이 발견을 인터넷의 www(world wide web)에 빗대 www(wood wide web)라고 불렀다.

사실 식물의 95%는 균근으로 연결되어 있다. 하나의 식물종은 다양한 균근종과 연결되고, 그 균근종은 다시 다양한 식물종과 연결된다. 땅속의 균근 네트워크는 상상을 뛰어넘을 정도로 발달되어 있고 촘촘하기까지 하다. 숲속을 거닐 때 내딛는 발바닥 면적 아래에만 수백 킬로미터에 이르는 균근 네트워크가 존재한다.[2]

땅속 균근계는 지하철 노선이 1호선, 2호선 등으로 나뉘듯 외생균근계, 수지상균근계, 에리코이드균근계 등 여러 계열로 나뉘고, 나무에 연결된 균근계가 다르면 나무끼리 연결하지 못한다. 그런데 지하철에 환승역이 있듯이, 일부 식물은 외생균근계와 수지상균근계에 동시에 접속하는 허브 역할을 하므로 네트워크가 대폭 확장된다. 균근 네트워크를 통해 탄소뿐 아니라 물과 미네랄, 영양분이 교환된다. 수잔 시마드의 실험은 토양, 식물, 균근이 매우 밀접하게 연결되어 있음을 보여준다.

# 2

# 식물의 감정과
# 숲의 지능

## CIA 심문 전문가의 놀라운 발견

　식물도 인간처럼 사고하고 감정을 갖고 있다는 사실을 증명한 유명한 실험이 있다. 1966년 미국 CIA의 심문 전문가인 클리브 백스터Cleve Backster는 거짓말탐지기 교육을 담당하고 있었다. 어느 날 그는 식물에 거짓말탐지기를 붙이면 어떤 일이 일어날지 궁금해졌다. 그는 열대 관목의 잎에 탐지기 센서를 붙인 후, 나무에 물을 부었다. 그러자 거짓말탐지기에 톱니 모양의 전기 흐름이 그려졌다. 감정 변화가 있는 사람과 유사한 반응을 보인 것이다. 백스터는 깜짝 놀랐다.

　거짓말탐지기로 가장 잘 측정되는 감정은 두려움, 공포심이다. 백스터는 관목의 잎을 불태워봐야겠다고 생각했다. 그런데 그가 이런 생각을 하자마자 그래프가 미친 듯 치솟았다. 그가 옆방에 가서 성냥을 가져오는 동안, 탐지기에는 급격한 감정 변화로 보이는 그래프가 그려져 있었다. 그가 성냥으로 잎을 태우는 시늉을 하자, 이번엔 그래프에 아무 변화가 없었다. 마치 인간의 속마음을 읽는 것처럼 말이다. 그 후 백스터는 시금치, 양파, 오렌지, 바나나 등 25가지가 넘는 식물을 실험했는데 결과는 모두 비슷했다.[3] 이것이 바로 '백스터 효과'다.

## 어머니 나무와 자식 나무

식물이 감정과 지능을 가졌다면 숲 전체는 어떨까? 감정과 지능을 다른 식물에게 전달할 수도 있을까? 시마드 교수는 이와 관련된 실험을 기획했다. 같은 공간에 어머니 미송과 자식 미송 종자를 심고, 다른 공간에는 어머니 미송과 친족 관계가 없는 타인 미송 종자를 심었다.

실험 결과, 어머니 미송은 자식 미송에게 철분과 구리, 알루미늄 등 양분을 더 많이 전달했다. 이는 묘목의 성장과 광합성에 꼭 필요한 3가지 성분이다. 탄소도 자식 미송에게 더 많이 보냈다. 어린 미송은 어머니 미송과 연결되었을 때 눈에 띄게 잘 자랐다. 타인 미송, 친족 미송과 눈에 띄는 차이였다. 어린 나무가 자립할 때까지 어머니 나무로부터 탄소와 질소를 받을 수 있도록 연결해주는 것이 바로 균근 네트워크다.[4]

나무는 다른 나무가 자기 자식인지, 친족인지, 완전한 남인지를 구별할 줄 안다. 그렇다면 나무에게도 감정과 지능이 있고, 그 감정과 지능을 다른 나무에 전달할 수도 있다는 의미다. 그뿐 아니다. 공간에 대한 인지력이 있어서 누가 어디에 있는지도 파악할 수 있다. 자연의 식물들은 종이 달라도 균근 네트워크를 통해 하나로 연결된다. 영화 '아바타'에 나오는 '영혼의 나무'가 생각나는 대목이다.

## 식물 사이의 정보 전달과 의사소통

균근 네트워크를 통해 공급되는 것은 생존에 필요한 물질만이 아니다. 균근은 식물 간의 정보 공유와 의사소통에도 관여한다. 과학자들은 나무가 균근 네트워크를 통해 화학 신호를 전송한다고 가정한다.

1990년대 남아공의 목장에서 쿠두 영양이 대량 폐사했던 적이 있다. 울타리 없이 방목한 영양은 살아남았으나, 울타리 안에서 키우던 영양은 모두 죽었다. 원인을 조사해 보니, 쿠두 영양이 15분 이상 아카시아의 잎을 뜯어 먹으면 나뭇잎 속 탄닌tannin 농도가 급격히 올라갔다. 이 탄닌 성분이 영양의 위장 기능을 방해해 그들을 굶어 죽게 만든 것이다.[5]

이러한 식물의 보호 메커니즘은 잎을 뜯어 먹힌 식물 내에서만 작동하는 것이 아니다. 그들은 인근의 다른 식물에게도 위험 신호를 전달한다.[6] 그 신호는 지상에서는 냄새, 땅속에서는 균근 네트워크를 통해 전파된다. 야생의 쿠두 영양이 하나의 아카시아에서 10분 이상 뜯어먹지 않고, 위험 정보가 전달되지 않은 먼 곳으로 가서 다른 아카시아 잎을 먹는 이유다.

송원원宋圓圓과 시마드 교수의 연구도 흥미로운 사실을 보여준다. 애벌레에게 공격당한 미송이 균근 네트워크를 통해 폰데로사소나무에게 위험 신호를 보내자, 폰데로사소나무는 효소의 분비량을 늘려 방어 시스템을 강화했다.[7] 균근 네트워크가 단순한 정보뿐 아니라, 병원체와 해충에 저항할 수 있는 면역력도 전달해 준다는 사실이 놀랍다. 어쩌면 '전달'보다는 '공유'라는 표현이 적합할지 모르겠다.

가뭄이 들고 홍수가 나고 태풍이 와도, 웬만해서는 숲의 나무나 벌판의 풀들은 살아남는다. 그런데 상업적으로 재배하는 작물들, 화분에 심은 꽃들은 조금만 관심을 기울이지 않으면 허무하게 죽는다. 자연 상태에서는 땅속 균근 네트워크를 통해 물과 영양분, 병충해에 대한 위험 정보와 면역력을 공유하기에, 서로 도우며 살아남을 수 있다.

식물의 종이 다르면 갖고 있는 영양분과 면역력이 다르고, 뿌리 내린 위치가 다르면 물과 미네랄에 대한 접근도가 다를 것이다. 그러나 균근 네트워크를 통해 서로 도우면 다양한 위기 상황에 대처할 수 있다. 반면 상업 작물과 화분의 꽃은 오로지 사람의 손길과 관심에 기댈 수밖에 없다.

## 모니터링에서 공유, 분배까지

양지바른 곳에 자리 잡아 충분한 광합성을 할 수 있는 나무가 음지에 자리 잡은 나무에게 탄소를 전달하는 현상은 숲 전체를 위한 일이다. 균근 네트워크의 역할이 물과 미네랄 공급,

면역력 강화라고 했는데, 이것이 숲의 모든 나무에게 공평하게 작동될까? 그렇지는 않은 듯하다. 나이 든 나무는 균근의 지원을 제대로 받지 못한다.

인위적으로 미송의 잎을 제거해 시들게 했더니, 시든 미송은 광합성한 탄소를 뿌리와 균근으로 더 많이 보냈고, 균근 네트워크를 통해 다시 이웃의 폰데로사소나무에 보냈다.[8] 죽음의 순간이 다가오면 나무는 균근 네트워크를 통해 자신의 자산을 다른 나무에게 나눠준다.

그렇다면 숲 전체 나무들의 상태를 파악해서 이런 공동체적 행동을 하는 주체는 누구일지 궁금해진다. 택배를 보낼 때 정확한 위치를 몰라도 주소만 적으면 보낼 수 있다는 사실을 떠올려보자. 개별

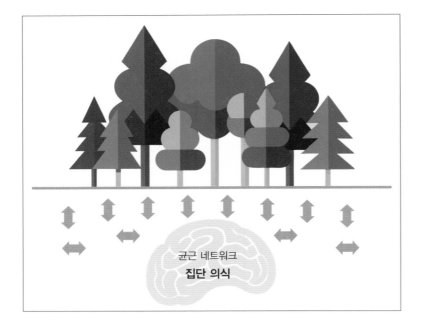

숲의 인식·분배
주체는
균근 네트워크

나무의 정확한 위치, 나무들 사이의 친인척 관계, 나무마다의 탄소 보유량 등을 모니터링해서 균형을 잡아주는 숲의 관리자가 있으니, 그것이 바로 균근 네트워크다.

공유나 분배라는 관점에서 본다면, 균근 네트워크가 주연이고 나무는 조연일 수 있다. A나무가 B나무에게 탄소를 2 전달하고, C나무에게는 탄소를 3 전달했다면, 그 이동량을 판단하고 결정하는 주체는 균근 네트워크다. 정보와 면역력의 전달 또한 마찬가지다. 균근 하나하나는 수명이 짧지만, 균근 네트워크는 오랫동안 유지된다. 개별 식물의 건강 상태 파악과 사망 판정도 균근 네트워크가 하는 것이다.


## 모두의 최대 이익을 위해

여기서 이런 의문이 생긴다. 균근 네트워크는 왜 그렇게 열심히 일하는 걸까? 물론 전체의 생존을 위해서일 것이다. 그들은 자신이 관리하는 식물 모두의 최대 이익을 위해 물과 미네랄, 영양분을 공유하고 분배하며, 정보와 면역력을 전달한다. 그러다 한 식물이 병들거나 노화로 효용 가치가 떨어지면 그 식물의 영양분을 빼내어 다른 젊은 식물에 재투자한다. 어느 식물에 재투자할지도 결정한다.

나무 묘목을 자신에게 맞는 균근 네트워크가 있는 흙에 심으면 잘 자라지만, 그렇지 않은 곳에 심으면 시들거나 죽는다. 산삼이든 천마든 아무 곳에나 심는다고 잘 자라지 않는다. 식물이 자랄 곳을 스스로 결정할 수는 없다. 가을이 되면 무수한 씨앗들이 떨어져 흩어지는데, 실제로 싹터서 살아남는 씨앗은 극소수다. 무엇보다 씨앗과 균근 네트워크의 궁합이 중요하다. 균근 네트워크는 흙에 떨어진 씨앗이나 포자 중에서 살릴 것을 선택하고, 그 녀석들만 정성 들여 싹틔우는 것이다.

## 4차원 네트워크, 집단의식

사람의 감정과 의식이 어디 존재하냐고 물으면 대답하기 힘들다. 신경세포neuron 하나하나에 있다면 그 신경세포만 죽이면 사람의 감정과 의식이 모두 사라져야 하는데, 그렇지는 않다. 신경세포가 형체를 가진 3차원적인 것이라면, 신경세포 간의 시냅스synapse, 즉 네트워크는 형체를 갖지 않은 4차원적인 것이다. 이런 신경세포 네트워크가 감정과 의식이라고 할 수 있다. 식물도 다르지 않다. 각각의 식물과 균근은 3차원적인 것이고, 균근 네트워크

**1**
균근 네트워크
Justlightⓓ

**2**
신경세포 네트워크
Oksana Smyshliaevaⓓ

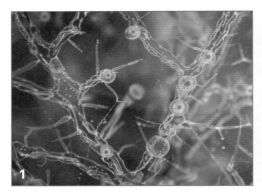

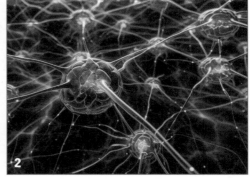

는 4차원적인 것이며, 이 네트워크야말로 숲 전체의 감정과 의식이라 할 수 있다. 바로 집단의식이다.

식물이 균근 네트워크와 연결되지 못하면 살아남기도 힘들지만, 비닐하우스나 수경재배 등 부자연스러운 방법으로 키운 식물은 살아 있더라도 감정과 의식이 없는 식물인간 같은 존재가 될 수 있다. 따라서 신맛, 쓴맛, 매운맛, 향기 같은 오미의 강렬함이 약해지고 맛이 엷어진다. 야생의 개복숭아는 시고 달고 떫은 갖가지 맛이 공존하지만, 인공 재배된 복숭아는 단맛만 강하다. 시베리아를 누비는 호랑이의 눈빛과 동물원 호랑이의 눈빛이 다른 것과 마찬가지다.

# 3

# 몸의 주인은
# 미생물일 수도

## 미생물과 교류하지 못하면

인간과 동물은 자신도 모르는 사이에 다양한 미생물과 교류하고 있다. 흙을 밟고 만지면서 토양 미생물과 교류하고, 스킨십과 성행위, 출산이라는 과정을 통해 피부와 구강, 질의 미생물을 교류한다. 음식을 먹고 배설하는 행위를 통해 장내세균을 교류한다.

식물의 뿌리와 균근은 토양 미생물과 교류하고, 식물의 잎, 줄기, 꽃은 자신의 종과 환경에 적합한 벌레, 미생물과 교류한다. 동물의 장내세균처럼 식물의 내부도 미생물과 공생하는데, 이를 내생균endophyte이라고 한다. 생명체는 공기와 물, 흙을 통해 지속적으로 외부의 미생물과 교류하고 동시에 내부의 미생물과 교류하고 있다. 목적은 하나, 살아남기 위해서다.

이를 뒤집어 말하면, 미생물과 교류하지 못하면 살아남는 데 문제

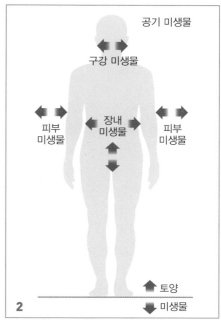

가 생긴다. 즉 면역력이 약해지면 평소에는 아무 문제가 없었던 균
들이 감염을 일으킨다. 우리는 감염이 되면 어디서 옮았는지 궁금해
하지만, 대부분은 늘 우리와 함께 살던 균이 말썽을 일으킨 것이다.
이때부터 인위적인 개입이 필요하다.

인간과 동물에게는 유산균 등의 영양제나 항생제, 소염제 등을 투
여해야 한다. 극단적인 경우 무균실이 필요할 수도 있다. 식물에겐
제초제 등의 농약과 합성비료를 투여해야 하고 비닐하우스 등 보호
장비가 필요할 수도 있다.

## 동의보감과 충蟲

현대과학이 미생물의 메커니즘을 설명하기 오래전에, 한방에서는 '충(蟲)'이란 글자로 공생 개념을 설명했다. 『본초강목』은 '충(蟲)은 생물 중 미세한 것으로 그 종류가 매우 번잡하다. 따라서 충(虫) 3개를 모아 충(蟲)이라는 한자를 만들었다'라고 했다. 즉, 눈에 보이는 덩치 큰 생물(macro-organism)이 눈에 보이지 않는 미생물(micro-organism)에 의지해 살아간다는 원리를 설명한 것이다.

『동의보감』 역시 '충은 인간과 공생하는 것이니, 충이 지나치게 활동할 때만 약간 통제해야 한다'라고 밝힌 바 있다. 형상의학의 창시자인 지산 박인규 선생은 인간을 '충(蟲)의 집합체'라고 했다. 나라는 존재는 충(蟲)이 모여서 만들어졌고, 충(蟲)이 교란되면 병이 들고, 충(蟲)이 균형을 이루면 건강하며, 충(蟲)이 흩어지면 죽는다.

## 미토콘드리아도 엽록체도 미생물

우리가 교과서에서 배운 과학 상식이 있다. 인간의 세포 속에는 세포핵과 미토콘드리아가 존재하고, 그중 미토콘드리아는 인간이 활동할 수 있는 에너지를 생성하는 역할을 한다는 것이다. 그런데 인체 세포 속에 있는 미토콘드리아는 원래 미생물이며 인간과 공생하는 관계로 진화했다는 사실이 밝혀져 충격을 주었다.

일반적으로 각 세포의 운명을 결정하는 것은 세포핵이라고 알려져 있는데, 여기에 반기를 든 과학자가 있다. 영국의 생화학자인 닉 레인Nick Lane은 미토콘드리아가 세포의 생사를 결정한다고 주장했

**1**

미토콘드리아

세포핵

**2**

엽록체

미토콘드리아

세포핵

다. 미토콘드리아는 동물의 노화 과정과 밀접히 연결되어 있다. 손상된 미토콘드리아는 노화 및 노인성 질환을 유발하는데,[9] 동물 세포 속 미토콘드리아는 염증, 특히 장내세균총이 교란되어 발생하는 염증에 아주 쉽게 손상된다.[10] 결국 장내세균총의 상태가 각 세포의 생사 및 노화를 결정한다는 말이다.

이러한 공생관계는 동물에만 존재하는 것이 아니다. 식물의 생존에 필수적인 엽록체 역시 식물 바깥에서 유래한 미생물이 공생 미생물로 정착한 것이다. 결국 생명체가 생명을 유지하기 위해서는 눈에 보이지 않는 미생물의 존재가 필수적이다.


## 세상을 지배하는 미생물

미생물이 세상을 지배하고 있다는 말이 있다. 숫자로 봐도 그렇고, 차지하고 있는 영역을 봐도 그렇다. 사람과 동물, 나무와 풀도 그 내부에 자체 세포보다 몇 배나 많은 미생물이 공생하고 있다. 토양 속에는 셀 수조차 없는 미생물이 존재하고, 공기와 물에도 수많은 미생물이 떠다니고 있다.

앞에서 균근 네트워크는 하나의 식물 종이 다양한 균근 종과 연결되고, 하나의 균근 종은 다시 다양한 식물 종과 연결된다고 했다. 이렇게 다중연결로 네트워크가 이루어진다. 장내세균 또한 군집을 이루면서 네트워크가 이루어지고, 인간의 두뇌 속 뉴런도 시냅스 synapse로 다중연결 네트워크를 형성한다.

동물의 뇌끼리도 서로 교류해서 더 큰 네트워크를 형성한다는 주장도 있다. 떼 지어 날아가는 철새와 떼 지어 헤엄치는 물고기도 개체를 넘어선 큰 차원의 네트워크라고 할 수 있다. 사람의 뇌끼리도 이런 네트워크를 형성하고 있을지 궁금하지 않을 수 없다.

'배니스터 효과'라는 것이 있다. 1950년대까지 사람들은 육상 경기에서 1마일 4분이 인간의 한계라고 믿었다. 의사를 비롯한 전문가들도 1마일을 4분이 안 되는 시간에 뛰면 심장에 무리가 가서 몸에 이상을 일으킨다고 생각했다. 수십 년 동안 많은 선수가 4분 장벽을 넘어서려 노력했지만 모두 실패했다. 그런데 1954년 영국 의사였던 로저 배니스터Roger Bannister가 1마일을 3분 59초 4에 주파했다.

그 후 놀라운 일이 벌어졌다. 그의 기록이 단 46일 만에 깨져 버린 것이다. 그리고 3년 동안 수백 명의 선수들이 4분 벽을 깼다. 사람 개개인이 아닌 더 큰 차원의 네트워크를 통해 믿음과 능력이 전파된 것이다. 기러기 떼, 물고기 떼가 보여준 것과 같은 일종의 집단의식이다. 사람의 뇌도 다른 사람의 뇌와 교류해서 더 큰 차원의 네트워크를 형성한다고 볼 수 있다.

식물의 균근, 동물의 장내세균도 집단으로서 네트워크를 형성하고, 사람도 집단의식을 형성한다. 세상 만물은 홀로 존재하지 못한다. 각 네트워크들 사이에는 층차가 존재하는데 무엇이 먼저이고 무엇이 중심인지 정확히 규명하기 어렵다. 다만 각 네트워크가 다른 층차의 네트워크와 교류한다는 사실만은 확실하다. 사람의 장내세균총이 뇌의 뉴런 네트워크와 교류하듯이 말이다. 그렇다면 '사람의 장내세균총이 피부 미생물 네트워크와도 교류하지 않을까? 더 나아가 땅속의 균근 네트워크와도 교류하지 않을까?'라는 호기심이 생긴다.

우리는 은연중 인체가 주인공이고 장내세균이 기생한다고 생각한다. 한 발 더 나가봤자 공생한다고 여긴다. 그런데 오히려 장내세균이 주인공이 아닌지 생각해볼 필요가 있다. 숲의 관리자는 나무가 아니라 균근 네트워크인 것처럼 말이다. 『건강한 장이 사람을 살린다』의 저자 저스틴 소넨버그Justin Sonnenburg 교수는 '장내세균이 우리에게 얼마나 많은 영향을 끼칠까? 인간은 단지 미생물의 번식을 위한 도구에 불과한 것이 아닐까?'라고 화두를 던졌다.


## 우리 배 속에 식충이 산다


가을, 절 근처에서 붉고 화려한 꽃을 피우는 꽃무릇(석산)이라는 수선화과 식물이 있다. 식물이 꽃을 피우는 것은 열매를 맺기 위함인데, 놀랍게도 꽃무릇의 꽃은 열매를 맺지 못하는 불임의 꽃이다. 그렇다면 꽃무릇은 왜 꽃을 피울까? 자연에 사치는 없으니 반드시 이유가 있을 것이다.

꽃무릇을 번식시키려면 마늘을 닮은 땅속 비늘줄기를 쪼개어 다른 곳에 심으면 된다. 즉 꽃무릇은 그 꽃에 홀린 사람이 그것을 다른 곳에 옮겨 심어야 번식할 수 있다. 꽃무릇이 아름다운 것은 벌과 나비가 아닌 사람을 유혹하기 위해서다.

앞에서 설명한 식물과 균근 네트워크의 관계도 그렇다. 거대한 숲과 나무가 작디작은 균을

꽃무릇 Motokoka Ⓦ

이용한다고도 볼 수 있지만, 균이 자신의 번식을 위해 식물을 배양한다고도 볼 수 있다. 누가 '주'이고 누가 '종'일까? 우리가 믿듯이 내 몸의 주인은 나일까? 나라는 것이 나의 뇌를 말하는 것일까? 생각할수록 우리의 고정관념이 흔들린다.

직감이나 육감을 영어로 번역하면 gut feeling인데, 직역하자면 '장의 감정'이다. 어쩌면 직감이란 뇌가 아니라, 장내세균이나 장신경계가 내린 판단이 아닐까? 일본에서는 '배腹'를 '마음'과 같은 뜻으로 쓴다. 배의 마음이라면, 그 마음은 장내세균 네트워크를 일컫는 것일지도 모른다.

장에 문제가 있는 환자들에게 밀가루 음식을 멀리하라고 조언한다. 하지만 머리로는 먹지 말아야 한다는 것을 알지만, 대부분 환자는 못 참고 먹어버린다. 그렇다면 내 몸에서 빵이나 과자를 먹으라고 유혹하는 존재는 누구란 말인가. 어쩌면 빵이나 과자를 먹고 사는 장내 유해균, 즉 식충食蟲일 수 있다.

## 형제가 많을수록 건강한 이유

1989년 영국의 데이비드 스트라찬David Strachan 교수는 1958년 3월의 한 주간에 태어난 17,414명의 의료 기록을 추적 조사했다. 생후 1년간 아토피성 피부염을 앓았는지, 그리고 11세와 23세 때 알레르기 비염을 앓았는지가 조사 대상이었다.

기록상, 손위 형제가 많을수록 생후 1년간 아토피성 피부염의 유병률이 낮았고, 11세 때와 23세 때의 알레르기 비염의 유병률 또한 낮은 것을 발견했다. 스트라찬 교수는 20세기 후반 형제 수가 줄고 개인위생이 철저해지면서, 어린 형제들 간에 미생물 교차 노출이 감소했기 때문이라고 설명했다.[11]

이것이 위생가설hygiene hypothesis인데 곰팡이, 세균, 고균, 바이러스, 기생충에 의한 감염이 면역계에 영향을 미쳐서 알레르기 질환과 자가면역 질환의 발병을 억제한다는 이론이다. 이 논문 이후, 위생

형제 수와
질병의 관계
Strachan, David P.

| | | 생후 1년간 아토피성 피부염 유병률(%) | 알레르기 비염 유병률(%) | |
| --- | --- | --- | --- | --- |
| | | | 11세 때 | 23세 때 |
| 11세 때 같이 살던 손위 형제 수 | 0 | 6.1 | 10.0 | 20.4 |
| | 1 | 5.2 | 7.9 | 15.0 |
| | 2 | 4.6 | 5.0 | 12.5 |
| | 3 | 3.7 | 4.0 | 10.6 |
| | 4+ | 2.8 | 2.6 | 8.6 |
| 11세 때 같이 살던 손아래 형제 수 | 0 | 5.3 | 8.9 | 17.9 |
| | 1 | 5.7 | 8.3 | 16.9 |
| | 2 | 5.3 | 7.3 | 15.7 |
| | 3 | 4.6 | 6.5 | 13.4 |
| | 4+ | 5.3 | 5.4 | 12.3 |

가설이 점차 설득력을 얻어 널리 연구되기 시작했다.


## 면역력을 키워주는 미생물


현대 문명의 특징인 깨끗한 식수, 포장된 도로, 청
결한 환경과 항생제는 100년도 안 된 극히 최근에 등장했다. 이에
따라 인류에게 늘 친근했던 곰팡이, 세균, 고균, 바이러스, 기생충과
의 접촉이 격감했고, 그 결과 면역체계가 제대로 발달하지 못하면서
갖가지 질환에 시달리게 되었다는 것이 위생가설이다.

실제 연구에서도 농장에서 자라거나 다양한 반려동물에 노출됐던
아이들은 그렇지 않은 아이들보다 천식 등 알레르기 질환을 앓을 위
험이 낮았다. 또한 제1형 당뇨병이나 다발성경화증 같은 자가면역
질환도 위생 상태가 좋아지면서 더 많이 발생하고 있다.

2003년 런던대학교의 그레이엄 룩Graham Rook 교수는 위생가설을
개선한 '오랜 친구 가설old friend hypothesis'을 제안했다. 인간의 면역
체계는 인간과 함께 진화해 온 특정 '공생 미생물군'에 의존하고 있
는데, 이들과 분리되면서 면역체계의 이상이 초래되었다는 것이다.

인체에서 조절 T세포는 매우 중요하다. 면역을 조절해 지나친 염
증 반응과 알레르기 반응, 자가면역 반응을 억제하기 때문이다. 그
런데 조절 T세포를 발달시키는 것이 특정 미생물군이다. 도시 환경
에서 미생물군에 대한 접촉이 감소하면서 광범위한 면역조절 장애
를 앓게 된 것이다.

특히 영유아기에 특정 미생물군에 노출될 기회가 적어지면 이후

성인이 되어서도 면역조절 장애를 앓게 된다. 면역체계가 과잉 반응하면서 무해한 항원에 천식이 유발되거나, 정상적인 공생 미생물에 염증성 장 질환을 앓거나, 일상적인 음식에 알레르기 반응을 일으키거나, 자가항원을 공격해서 자가면역 질환이 생길 수 있다. 우울증을 유발하는 사이토카인이 증가해서 우울증이 나타날 수도 있다.[12]

## 기생충과 면역 치료

인체 기생충 또한 나와 공생하는 생명체이며 면역 조절에 도움을 준다고 말하면, 대부분 끔찍해하겠지만 이는 사실이다. 그 예가 염증으로 인해 신경의 수초가 벗겨지는 자가면역 질환인 다발성경화증이다. 편충 감염률이 10% 이상인 나이지리아, 가나, 세네갈, 인도네시아 등에서는 다발성경화증 환자가 매우 드물고, 편충 감염률이 10% 미만인 영국, 캐나다, 미국, 벨기에 등에서는 다발성경화증 환자 수가 많다.[13]

알츠하이머병의 사례도 있다. 2013년 케임브리지대학교 연구에서는 위생 상태가 좋고 기생충이 적으며 식수가 깨끗하고 도시화가 많이 진행될수록 알츠하이머병으로 더 많이 고통받았고, 그 반대일수록 고통이 덜했다.[14] 동물 실험에서도 기생충 감염이 관절염과 다발성경화증, 제1형 당뇨병, 장염, 알레르기 질환을 예방하거나 치료하는 데 효과를 발휘했다.[15] 기생충에 감염되면 조절 T세포가 증가하기 때문이다. 이런 연구에 의해 기생충 치료라는 개념도 등장했다. 기생충을 이용한 '면역조절 치료Helminth therapy'가 염증성 질환 및 알

레르기 질환, 자가면역 질환에 도움이 된다는 것이다.[16]

북유럽의 카렐리아Karelia 지역은 같은 민족이 살고 있지만, 역사적 배경 때문에 핀란드와 러시아로 국경이 나뉘어져 있다. 핀란드 영토에 사는 영유아는 러시아 영유아보다 알레르기 질환 발생률이 2~6배, 자가면역 질환 발생률이 5~6배 높았고, 이들의 장내세균에도 차이가 있었다.[17]

깨끗한 식수, 살균된 식품, 방사선, 항생제, 백신, 토양과의 접촉 감소 등 문명사회와 관련된 많은 것들이 알레르기 질환과 자가면역 질환의 위험성을 키우고 있다. 인체는 다양한 미생물에 노출되어야 면역체계를 단련시키고 조절 T세포를 발달시킬 수 있다. 특히 영유아 시기에 특정 미생물에 노출되는 것은 면역계 발달에 매우 중요하다.[18, 19] 같은 농촌지역이라도 농사를 짓는 집 아이들은 그렇지 않은 아이들보다 알레르기 비염, 알레르기 결막염, 천식의 발생률이 낮았다.[20]

# 4

# 식물의 생명 공장,
# 내생균 *Endophyte*

## 식물을 살리고 죽이는 내생균

식물의 뿌리와 잎 표면에만 미생물이 있는 것이 아니라 식물 내부에도 미생물이 존재한다. 이렇게 식물의 내부, 즉 세포 안과 세포 사이에 공생하는 미생물을 내생균endophyte이라 한다. 내생균은 모든 식물에 존재하는데 곰팡이, 세균, 고균, 바이러스 등이 여기에 해당한다.

내생균이 식물 내부에 자리잡는 방법은 2가지이다. 하나는 모체의 내생균이 씨앗에 담겨 전달되는 것, 또 하나는 외부 생태환경에서 전달되는 것이다. 따라서 열대우림처럼 식물 다양성이 풍부한 지역일수록 내생균의 종류도 풍부하다. 곰팡이 내생균만 100만 종으로 추정되므로, 전체 내생균 종류는 상상을 초월한다. 균근을 포함한 토양 미생물 세계도 거대하지만, 식물 내생균의 세계 또한 못지 않다. 또 다른 생태계라 할 만하다.

내생균은 식물 속에서 다양한 역할을 한다. 우선 식물의 광합성을 돕고 질소를 공급하며, 식물에 물을 공급해서 가뭄에 버틸 수 있게 한다. 식물이 급격한 환경변화에도 살아남는 것은 식물 자체의 유전자보다 내생균의 역할이 크다. 식물의 유전자는 그렇게 금세 변하지 못하지만 내생균의 유전자는 즉시 변할 수 있기 때문이다.

내생균은 식물에 중요한 화합물을 만들고 식물의 생장을 촉진하는 다양한 식물 호르몬을 분비한다.[21, 22] 특정 물질을 만들어 초식동물로부터 식물을 보호하기도 한다. 앞에 나온 남아공 쿠두 영양의 사례를 떠올려 보자. 특정 물질을 만들어 영양을 죽인 범인은 아카시아가 아니라 아카시아와 공생하는 내생균이다. 이처럼 내생균은 물과 영양분 흡수를 돕고, 식물이 환경 스트레스에 잘 견디게 도와주며, 병충해에 잘 버티게 돕는다.[23] 식물이 죽으면 썩게 해서 흙으로 돌아가게 하는 역할도 한다. 내생균은 그 대가로 식물이 광합성한 탄수화물을 얻어 에너지로 이용한다.

같은 종의 식물이라도 지역과 기후 조건에 따라 내생균의 종류와 개체수가 달라진다. 종이 같더라도 맛과 효능이 다를 수밖에 없다. 같은 지역, 같은 기후에 살더라도 개체마다 내생균은 제각각이다. 동일한 개체라도 부위별로 다르고 채취 시기에 따라 달라진다. 한 은행나무의 어린잎, 잎자루, 잔가지를 5월, 8월, 10월에 검사했더니, 부위와 채취 시기에 따라 내생균의 종류와 개체수가 달랐다.[24] 즉 한 나무의 사과라도 9월 사과, 10월 사과, 11월 사과는 내생균이 다르고 맛과 효능도 다르다.

## 내생균은 사람의 장에서 깨어난다

우리가 채소나 과일을 먹으면 다양한 영양소와 섬
유질, 비타민만 먹는 것이 아니다. 식물 안에 존재하는 내생균도 먹
게 된다. 내생균은 식물 세포 속에 있기에 씻어도 사라지지 않는다.
유산균 보조제를 먹으면 위산과 담즙산에 대부분이 죽어서 장까지
도달하기 힘들다. 하지만 식물 속 내생균은 소화액에 분해되기 어려
운 식이섬유 속에 들어 있어 무사히 장까지 도달한다. 식이섬유가
장에서 장내세균에 의해 분해될 때, 비로소 내생균이 활성화된다.

식물에 열을 가하면 내생균이 모두 죽지 않느냐는 의문이 있을 수
있다. 균에 따라 열에 견디는 정도가 다르지만, 오랜 시간 가열할수
록 더 많은 내생균이 죽을 것이다. 하지만 일부 균은 살아남고, 내
생균이 분비한 물질이 인체 내에서 내생균과 같은 효과를 내기도 한
다. 사람과 초식동물의 장내세균 중 일부는 애초에 식물의 내생균이

식물 내부 →
동물의 장 → 분변
→ 토양 → 식물
내부(+곤충)로의
순환을 반복하는
내생균[25]
Martínez-Romero,
Esperanza, et al

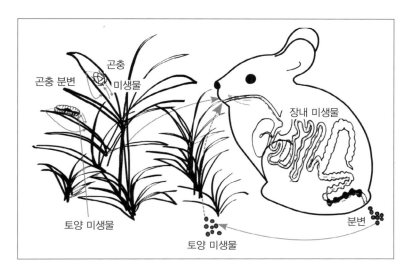

었다. 식물 내생균이었다가 장내세균으로 정착한 '락토바실러스 플란타룸Lactobacillus plantarum'은 세균 및 바이러스 감염으로부터 사람과 동물을 보호하는 대표적 유익균이다. 식물 내생균이자 장내세균인 '클로스트리듐Clostridium'은 셀룰로스를 분해하는 강력한 효능을 발휘한다.

애벌레가 식물의 잎을 갉아 먹는 모습을 본 적이 있을 것이다. 이렇게 곤충이 식물을 먹는 과정에서 곤충의 미생물이 식물 내로 들어가 내생균이 되기도 한다. 사람과 동물이 식물을 먹으면 식물 속 내생균은 장내세균이 되었다가, 분변으로 나와 토양 미생물이 되었다가, 다시 다른 식물 내로 들어가 내생균이 된다. 결국 내생균은 '식물 내부−동물의 장−분변−토양−식물 내부(+곤충)'로의 순환을 반복하면서 사람과 동물, 곤충의 장에 미생물을 공급한다.[26]


## 미생물은 인체, 토양, 식물, 동물을 순환한다

비타민제를 복용하는 것과 사과를 먹는 것의 차이를 '천연과 인공'의 관점으로도 볼 수 있지만 '내생균이 있고 없고'의 관점으로도 볼 수 있다. 합성비타민에는 내생균이 없지만 사과에는 내생균이 있다. 유기농 작물에는 내생균이 잘 살아 있고, 인공적 환경에서 재배된 작물에는 내생균이 제대로 자리 잡지 못한다.

내생균은 식물의 품종, 재배 방식, 시기, 산지, 부위, 기후에 따라 달라진다. 하나의 나무에서 어제 딴 사과는 맛있었는데, 오늘 딴 사과는 맛이 없을 수 있다. 포도밭에서 먹은 포도는 맛있었는데, 집에

가져와서 먹어보니 그 맛이 아닐 수 있다. 내생균은 생명 주기가 짧아서 몇 시간에도 변한다. 당연히 표준화도 불가능하다.

항생제, 항산화제, 항균제를 만드는 것도 내생균이다. 항암 성분으로 유명한 탁솔도 주목의 내생균이 만든 것이다. 이제는 치유나 건강관리에 있어서도 미생물 순환의 관점을 포함시켜야 한다. 장내 세균을 포함한 내생균도 순환하고, 토양 미생물도 순환한다. 미생물의 차원에서, 나와 토양이 연결되어 있고, 나와 내가 먹은 식물이 연결되어 있고, 나와 곤충이 연결되어 있고, 나와 동물이 연결되어 있다. 연결되지 않은 것은 하나도 없다.

이런 순환 시스템에서 벗어나는 순간, 인간 내부의 미생물이 교란되고 면역 시스템이 망가져 병들게 된다. 반대로, 이런 순환 시스템 속으로 들어가면 치유력이 회복된다.


## 서리 맞은 뽕잎의 비밀


뽕나무는 버릴 것이 없다. 열매와 가지, 잎, 뿌리껍질은 물론, 뽕나무에 자라는 버섯과 벌레까지도 약으로 쓴다. 뽕나무는 끌어들이는(수렴하는) 힘이 강해서, 당뇨병이나 만성 소모성 질환으로 몸에서 진액이 새어 나갈 때 많이 쓴다. 뽕잎은 진액을 수렴하는 '뽕나무'의 효능과 피부를 풀고 부기를 빼는 '잎'의 효능을 동시에 갖고 있다. 그런데 뽕잎은 시간과 공간에 따라 그 약효가 제법 달라진다.

뽕잎은 잘 때 식은땀을 흘리는 증상에도 잘 듣는 약재다. 송나라

『이견지夷堅志』에 이런 이야기가
나온다. '어떤 절에 떠도는 스님
이 머문 적이 있는데 몸이 마르
고 음식을 거의 먹지 못했다. 오
래전부터 잠들면 전신에 식은땀
이 흘러 아침이면 땀범벅이 되곤
했다는 것이다. 이를 보고 절의
스님이 서리 맞은 뽕잎을 불에

누렇게 시든 뽕잎
Krzysztof Ziarnek,
Kenraiz Ⓦ

쬐어 말리고 가루 내어 따뜻한 물에 타서 매일 공복에 먹게 했다. 그
랬더니 사흘 만에 20년 고질병이 말끔히 나았다.' 이 처방은 지금도
많이 쓰이는데, 여기서 중요한 것은 '서리 맞은' 뽕잎이라는 것이다.

봄철 푸른 뽕잎 순을 청상엽靑桑葉이라 하고, 가을철 서리 맞아
누렇게 시든 뽕잎을 황상엽黃桑葉이라고 한다. 서리 맞은 황상엽은
찬 바람에 잎의 기공이 닫혔기에 인체의 땀구멍을 닫는 힘이 강하
다. 피부가 헐어서 아물지 않을 때도 서리 맞은 누런 뽕잎을 가루 내
어 뿌려주거나 뽕잎 달인 물로 씻어 주면 헐었던 피부가 잘 아문다.

서서히 기온이 내려가다가 서리를 맞아야 뽕잎의 효능도 수렴하
는 방향으로 바뀐다. 서리가 내리지 않는 계절에는 하루 중 기온이
가장 낮은 해 뜰 무렵에 이슬 맺힌 뽕잎을 따서 그늘에 말려서 쓴다.
이때도 기공이 닫혀 있기 때문이다. 뽕나무 중에서도 가지는 특히
수렴하는 힘이 강하다. 봄이 와서 다른 나무의 새순이 돋을 때도 뽕
잎 순은 가지를 뚫고 나오지 못한다. 결국 열매(오디)가 맺힌 뒤에야
순이 나온다.

가을철 황상엽이 틀어막는(수렴) 방향으로 작용한다면 봄철 청상

## 다이어트에 좋은 상지차桑枝茶

뽕나무 가지를 볶아서 달여 마시는 것을 상지차(桑枝茶)라고 한다. 『동의보감』은 상지차의 효능에 대해 이렇게 말한다. '중풍을 비롯한 온갖 풍을 치료하고, 살찐 사람의 체중을 줄이며, 다리가 붓고 아픈 각기와 부종을 치료하고, 배에 가스가 차면서 기가 치밀어 오르고 기침하는 것을 가라앉히며, 소화를 돕고, 소변을 잘 나가게 하며, 팔이 아프고 입이 마른 것을 치료한다.'

상지차에는 부기를 빼는 일반적인 '가지'의 힘과 순이 돋는 것도 막는 '뽕나무 가지'의 힘이 합쳐져 있다. 따라서 봄에 잎이 피기 전의 뽕나무 가지를 써야 효과가 있다. 잎이 피면 진액이 잎으로 가 버리므로 가지의 수렴하는 약효가 급감한다. 부위와 채취 시기에 따라 내생균이 달라지기 때문이다.

엽은 풀어주는(발산) 방향으로 작용한다. 청상엽은 젖이 뭉치고 단단해지는 젖몸살을 치료한다. 청상엽을 곱게 찧어 미음에 탄 다음 아픈 곳에 붙이면, 단단한 뽕나무 가지를 뚫고 나오는 힘으로 뭉치고 단단해진 젖가슴을 풀어 통증을 없앤다. 같은 뽕잎이지만 봄철과 가을철 뽕잎은 효능이 정반대다. 뽕나무 자체가 변했다기보다 뽕나무의 내생균이 변했다고 보는 것이 합리적이다.

## 잎이 갈라진 뽕나무가 좋은 이유

누에가 뽕잎을 갉아 먹는 속도는 엄청나다. 잎 하나를 정말 순식간에 먹어 치운다. 봄에 나온 뽕잎을 누에가 다 먹어

버리면, 뽕나무는 여름에 더 많은 잎을 틔운다. 그런데 봄에 난 뽕잎과 여름에 다시 자란 뽕잎은 똑같을까? 차이가 있다면 어떤 차이가 있을까?

『동의보감』은 '여름과 가을에 다시 난 뽕잎이 좋은데 서리 내린 이후에 따서 쓴다'라고 했다. 다시 난 뽕잎은 첫 번째 잎이 먹힌 경험이 있어서 이를 극복하려고 수렴하는 힘이 더 강해진다. 따라서 식은땀을 멎게 하고 마른기침과 입 마름을 치료하며, 헌데를 아물게 한다.

뽕나무 잎만 봐도 토양의 상태를 알 수 있다. 비옥한 땅의 뽕나무는 곧고 높게 자라면서, 잎이 크고 넓적하다. 반면, 바위틈이나 산비탈의 척박한 곳에서 사는 뽕나무는 낮게 자라면서 옆으로 벌어진다. 잎도 여러 조각으로 갈라진다. 언뜻 보면 다른 나무처럼 보인다.

『동의보감』은 '뽕잎이 여러 조각으로 갈라진 가새뽕나무가 식은땀과 헌데를 아물게 하는 효능이 좋다'라고 했다. 물을 공급받기 어려운 환경에서 사는 뽕나무는 물을 머금으려 악착같이 노력하고, 한편으로는 균근 네트워크에 더 의지함으로써 수렴(응집)하는 힘이 더 강해지는 것이다.

## 눈잣나무를 평지에 옮겨 심으면

설악산 대청봉에서 볼 수 있는 눈잣나무는 '누운 잣나무'를 말한다. 눈잣나무는 소나무과 식물의 자생지 중 최북단인 북위 72도에서도 살 수 있다. 대청봉은 1,708미터의 높이에 걸맞게 바람도 매우 강하다. 대청봉 눈잣나무는 광합성으로 얻은 에너지의 대부분을 살아남는 데 사용해야 하므로, 1년에 고작 1cm밖에 자라지 못한다.

강한 바람이 불면 줄기가 옆으로 눕는데, 줄기가 옆으로 눕다 못해 땅과 맞붙게 되면 그곳에서 새로운 줄기가 나와 바람에 날아가는 것을 막아준다. 마치 덩굴식물처럼 옆으로 기면서 자라는 것이다. 눈잣나무를 중국에서는 '천 리를 기어서 간다'라는 뜻의 '천리송千里松'이라 부르고, 서양에서는 '난쟁이 소나무dwarf pine'라 부른다.

---

### 고난을 겪을수록 약효가 좋아진다

환경변화가 큰 곳에 사는 생명체일수록 더 다양한 공생 미생물을 갖고 더 많은 진액을 형성한다. 여기서 변화가 크다는 것은 흐름이나 규모가 큰 것을 말한다. 민물과 바닷물이 교차하는 기수역의 물고기가 맛있고, 고랭지 배추와 해남 배추가 맛있는 것이 그 때문이다. 고랭지는 일교차와 바람이 심하고, 해남은 간척지로 염도 변화와 바람이 심하다.

지황이라는 약재를 술에 찌고 햇볕에 말리기를 9번 반복하면 숙지황이 된다. 지황 껍질(외부)에 조습의 큰 변화를 주면, 지황 내부의 순환이 촉진되어 진액이 만들어진다. 숙지황의 진액은 사람의 정액과 혈액을 보충해 준다.

---

강한 바람 속에서 살아가는 대청봉 눈잣나무는 기관지 질환에 효능이 있어 기침, 천식, 저림과 통증을 치료한다. 그런데 이 눈잣나무를 평지에 옮겨 심으면 우리가 아는 잣나무처럼 곧게 자라면서 고산의 강풍에 버티던 힘도 사라진다. 당연히 기관지 질환을 치료하는 효능도 약해진다. 효능에는 종species이라는 '선천적 요소'도 중요하지만, 그 개체가 경험하고 기억한 '후천적 환경'도 그 못지않게 중요하다.

효능의 핵심은 '어떤 환경에서 어떤 부위가 어느 시기에 어떤 노력을 했는가?'이다. 일반적이지 않은 특별한 노력을 했다는 말은 특별한 미생물군과 공생했다는 의미이기도 하다. 특별한 미생물군은 인체 안에서도 특별한 효능을 나타낸다. 미생물학에서는 이를 내생균으로 설명하고, 한의학에서는 '진액'으로 설명한다.

# 5

# 나무를 넘어 숲으로,
# 성분을 넘어 생명으로

## 나무를 수백 그루 심어도 숲이 되지 않는다

사과의 성분을 분석해서 모든 성분을 비율대로 합치면 온전한 사과가 될까? 그렇지 않다는 것을 누구나 안다. 아리스토텔레스가 말한 바대로 전체는 부분의 합보다 크기 때문이다. 흑연과 다이아몬드의 성분은 똑같이 탄소이지만 결합하는 방식이 다르므로 다른 물체가 된다.

우리의 뇌는 뉴런(신경의 단위)이 연결된 시냅스로 작동하는데, 이를 각각의 뉴런으로 나누었다가 다시 모으면 이미 시냅스 연결이 깨졌으므로 이전의 뇌로 돌아갈 수 없다. 균근 네트워크도 마찬가지다. 땅을 갈아서 각각의 균근으로 분리된다면 네트워크가 사라져버린 것이다.

생명과학 실험에서 사용되는 두 가지 용어가 있다. 바로 '인비보in vivo'와 '인비트로in vitro'다. 인비보는 '생체 내'란 뜻으로 온전한 생체

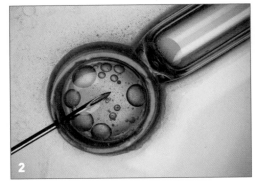

를 실험 대상으로 하는 것이고, 인비트로는 '유리 내'란 뜻으로 시험
관 안에서 생체 세포나 조직을 실험 대상으로 하는 것이다. 어떤 실
험이 인비트로 상태에서는 성공했는데, 인비보 상태에서는 실패하
는 경우는 흔하다. 이 역시 부분의 합이 전체가 될 수는 없음을 역설
한다.

　나무를 보지 말고 숲을 보라는 말도 같은 의미다. 큰 나무들을 수
백 그루 옮겨 심는다고 진정한 의미에서 숲이 만들어진 것이 아니
다. 나무 간의 균근 네트워크와 토양 생태계가 형성되지 않았기 때
문이다. 균근이 있다고 균근 네트워크가 바로 만들어지는 것도 아니
다. 토양 생태계와 숲 생태계 형성에는 오랜 시간이 필요하다. 오래
된 숲의 자작나무와 도로변에 심어진 자작나무가 같을 수 없다. 당
연히 약효도 차이가 난다.

## 유익균, 유해균이 따로 있지 않다

우리의 장내에는 2,000여 종류, 100조 개 이상의 세균들이 뒤엉켜 작은 우주를 이루고 있다. 어떤 세균이 존재하는지도 중요하지만, 세균 간의 비율과 위치, 상호관계도 중요하다. 이러한 네트워크가 건강하지 않으면 유익균도 유해균이 될 수 있다.

애초에 유익균과 유해균이 따로 존재하는 것이 아니다. 대장균이 질병을 일으킨다고 알고 있지만, 대장균은 비타민 K를 생산하고 유해균들이 대장에서 번식하는 것을 막는 역할도 한다. 위암을 일으킨다고 알려진 헬리코박터 파일로리균도 식욕을 조절해 과식을 방지하는 역할을 한다.[27] 네트워크가 건강하면 유해균이 있어도 문제가 되지 않도록 스스로 제어한다. 개개 장내세균보다 전체 네트워크인 '장내세균총'이 중요한 것이다.

메시가 11명 있다고 좋은 축구팀이 되지는 않는다. 각자의 역할과 상호관계, 즉 팀워크가 좋아야 좋은 축구팀이다. 공격수, 수비수, 활동적인 선수, 전략적인 선수가 어우러져야 좋은 팀으로 가능한다는 뜻이다. 균형 있는 장내세균총을 원한다면 먼저 장내 환경부터 개선해야 한다. 환경이 바뀌면 그에 맞춰 각 세균의 다양성과 비율과 위치, 즉 네트워크가 바뀌기 때문이다.


## 공생 미생물도 나의 일부다

뇌과학을 연구할 때는 원자가 아닌 뉴런을 기본 단

위로 해야 한다. 인간관계를 연구할 때는 개인을 기본 단위로 해야지, 해부학 개념을 기본 단위로 해서는 안 된다. 생태학에서는 세포생물학적 개념을 넘어서, 생물체 간의 관계와 환경과의 관계도 고려해야 한다.

우리는 종합병원의 내과에서 혈압약과 고지혈증약을 처방받고, 정형외과에서 소염진통제를 처방받고, 신경과에서 신경안정제를 처방받는다. 내과 약이 뜻하지 않게 신경계에 문제를 일으킬 수 있고, 신경과 약이 내과적 문제를 야기할 가능성에 대해서는 무시한다. 인체조직과 질병을 나누고 또 나누다 보니 사람을 하나의 전체로 보지 못하는 문제가 부각되고 있다.

이제 사람의 몸을 연구할 때도 관점을 달리할 필요가 있다. 장내세균 전체를 하나로 보고 장, 피부, 구강, 질의 미생물을 각각 하나의 계界로 봐야 한다. 나와 공생 미생물을 하나로 보고, 나와 주변 환경을 통합된 하나로 보는 관점이 필요한 것이다.


## 성분보다 중요한 것이 있다


서구식 교육을 받은 우리는 기본적으로 분석적 사고를 한다. 인삼이 몸에 좋은 것은 사포닌 때문이고, 사과가 몸에 좋은 것은 비타민 때문이라고 배우기도 했다. 하지만 사포닌과 비타민을 아무리 많이 먹어도 인삼과 사과를 먹은 것과 같을 수 없다.

마트에 있는 쌀들은 영양소 구성이 거의 비슷하지만 가격은 천차만별이다. 사람들은 은연중 성분보다 중요한 무엇인가가 있다고 생각한다. 같은 쌀이라도 생태환경에 따라 다른 미생물과 교류하기에 맛과 효능이 달라진다. 양구 펀치볼마을의 사과와 문경의 사과는 분명히 맛이 다르다.

하지만 현대과학은 분석에 초점을 둔다. 모든 것을 나누고, 나눔의 경계선에 있는 것은 무시하는 경향이 있다. 인체와 미생물은 연구했지만 '공생 미생물'은 간과되어 온 것이다. 균근 네트워크를 발견한 시마드 교수는 이렇게 말한다.

"대학에서는 생태계를 분해해서 나무, 식물, 토양을 따로 연구하는 훈련을 받았다. 그러나 이러한 방식으로는 생태계 전체가 어떻게 연결되어 있는지에 대해 알 수 없음을 깨달았다. 나는 온전히 한 바퀴를 되돌아와서야 인디언의 지혜를 마주하게 되었다. 우주의 모든 것들이 서로 연결되어 있다는, 숲과 초원이, 대지와 물이, 하늘과 땅이, 영혼과 육신이, 인간과 모든 다른 생명체들이!"[28]

## 한 가지 성분만 추출하면 다른 물질이 된다

20세기에는 어떤 식재료에 어떤 성분이 있어서 몸에 좋다고 했다. 성분으로 모든 것을 설명했다. 그러다 20세기 후반이 되어 유전자 변형 농산물GMO이 대중화되었는데 GMO가 안전하지 않을 수 있다는 의견이 지배적이다. GMO에 유독 성분은 없지만 유전자 조작이 인체에 영향을 미칠 수 있다는 말이다. 그렇다면 애초에 성분만 가지고 모든 것을 설명했던 것에 문제가 있다는 것을 자인한 셈이다.

유전자는 개체가 가진 선천적 생명력인데, 특정한 생태환경에서 반드시 그 특징을 드러낸다. 따라서 식물이 어떤 환경에서 어떤 균근 네트워크와 어우러져 살았는지, 동물이 어떤 환경에서 어떤 장내 세균총을 갖고 살았는지가 매우 중요해진다. 그것이 생명체의 유전자에 영향을 미치기 때문이다.

국립암센터 명승권 교수 연구팀은 비타민 C 보충제를 복용한 실험군과 위약을 복용한 실험군의 암 발생률과 사망률에 유의미한 차이가 없었다고 밝혔다. 명승권 교수는 천연비타민과 합성비타민의 화학구조식은 같지만 입체적 구조가 달라 효과도 다른 것이라 주장했다. 즉 성분이 같다고 해서 효능이 같은 것은 아니다. 천연 성분인지 화학성분인지, 어떤 생명체 속에 있던 성분인지, 어떤 환경의 영향을 받았는지에 따라 입체적 구조가 달라지고, 따라서 약효가 달라진다.

화학조미료의 성분인 MSG는 다시마에서 추출한 것이지만, MSG가 몸에 좋다고 말하는 사람은 없다. 하나의 개체에서 한가지 성분만 추출하면 다른 물질이 되기 때문이다. MSG는 추출하는 순간, 원래 다시마 속에 있을 때와 입체 구조가 달라진다.

종이 같다고 해서 약효가 같은 것도 아니다. 풍족한 환경에서 재배한 1년생 인삼과 야생에서 갖은 고난을 겪으며 살아남은 100년 묵은 산삼이 같을 수는 없다. 1년생 인삼 100뿌리를 먹는다 해도 100년 묵은 산삼의 약효를 낼 수 없다. 산삼에는 100년에 걸쳐 생존하기 위해 기울인 노력과 100년에 걸친 미생물과의 교류가 고스란히 담겨 있기 때문이다.

## 장내 환경이 교란되면 천사도 악마가 된다

세상에 똑같은 사람도 똑같은 사과도 없다. 일란성 쌍둥이도 다르고, 같은 나무에서 딴 사과도 다르다. 이와 마찬가지로 똑같은 비피더스균도 똑같은 대장균도 없다. 장내세균 2,000여 종, 100조 개의 세균이 모두 제각각이다. 그런데 단순히 유익균은 보충하고 유해균은 죽이자는 것은 성분에만 초점을 맞춘 성분론적 관점이다. 이와 반대로 장내 환경을 바꿔 장내세균총 전체의 조성을 변화시키자는 것이 환경론적 관점이다.

메주를 뜰 때 고초균(바실러스균)의 종균을 넣는 것은 성분론적 관점이고, 볏짚을 넣어 자연의 고초균을 불러들이는 것은 환경론적 관점이다. 장 명인은 온도, 습도 등 장이 잘 발효될 수 있는 환경에 신경을 쓰지, 어떤 균을 더 넣을지 말지를 신경 쓰지 않는다. 애초에 균은 어디에나 있으니 적절한 환경만 만들어지면 필요한 균이 저절로 모이기 때문이다.

현대인들이 꼭 챙겨 먹는 영양제가 프로바이오틱스다. 미생물학자들은 프로바이오틱스를 보충하는 것보다 그 세균이 증식할 수 있는 장내 환경을 만드는 것이 중요하다고 강조한다. 우리가 보충하려는 그 균은 이미 우리 장 속에 있다. 다만 장내 환경이 맞지 않아 활성화되지 못하는 것뿐이다. 습도가 높아 곰팡이가 핀 방에 아무리 곰팡이 제거제를 뿌려도 소용이 없다. 환기를 시켜 습도를 낮춰주는 것이 우선이다.

급성 중이염, 폐렴 등을 일으키는 폐렴구균은 우리의 코와 기관지 등에 늘 존재하는 균이다. 건강할 때는 아무 문제가 되지 않다가 면역력이 약해지면 질병을 일으킨다. 비결핵 항산균도 물과 토양, 실내 먼지에서 흔히 발견되는데, 폐 질환이 있거나 면역력이 저하되면 폐를 침범해 결핵 유사 증상을 일으킨다.

완벽하게 나쁜 세균은 존재하지 않는다. 폐렴구균이나 비결핵 항산균처럼 인체와 늘 함께하는 세균은 병원성 미생물의 침입과 번식을 억제하고 발병을 방지하는 역할을 한다. 강력한 항생제를 써서 이런 세균이 극단적으로 감소하면, 다른 세균이나 곰팡이가 폭발적으로 증식하면서 병원성을 띠기도 한다.

악마와 천사가 따로 있는 것이 아니다. 면역을 주관하는 장내 환경이 교란되면 천사도 악마로 변할 수 있다. 우리가 매일 먹는 음식과 외부 생태환경을 변화시키면 장내 환경이 변화된다. 그러면 장내세균, 구강 미생물, 질 미생물, 피부 미생물이 모두 변한다.

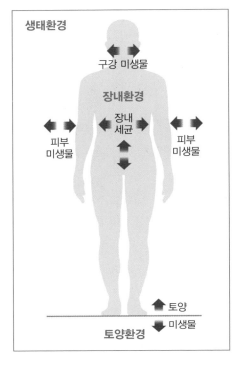

인체 미생물총과
외부 환경

## 흙만 만져도 장내 환경이 변한다

장내세균을 바꾸기 위해서는 외부 생태환경을 바꿔야 한다고 했다. 그렇다면 생태환경을 바꾼다는 것은 무엇을 의미할까? 아예 이사를 가야 할까? 아니면 매일 손으로 흙을 만지는 것도 환경의 변화라 할 수 있을까? 그런 행위가 장내세균총이나 면역체계의 변화로 이어질까? 이런 궁금증을 풀어줄 두 가지 실험이 있으니 살펴보자.

　건강한 성인을 두 그룹으로 나눴다. A 그룹은 퇴비를 뿌린 흙을 손에 문지르고 20초 후 수돗물로 5초 씻기를 하루 3번 했다. B 그룹은 아무것도 하지 않았다. 2주 후 대변 검사를 했더니, A 그룹 장내 세균총의 다양성이 유의미하게 증가했다.[29]

　또 다른 실험도 있다. 생물다양성이 풍부한 흙에서 아이들을 매일 90분씩 놀게 했더니, 아이들 피부 미생물총의 다양성이 증가했고, 장내세균총에서 부티르산균(낙산균)의 다양성이 증가했다.[30]

　단순한 피부 접촉만으로도 장내세균총이 바뀌었고 그것이 유지되었음이 밝혀진 것이다. 연구를 통해 우리는 두 가지 가정을 해볼 수 있다.

**인체 미생물총 간의 교류**

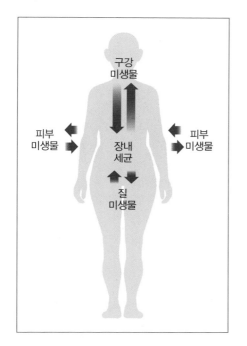

　첫째, 장내세균총이 피부 미생물총, 구강 미생물총, 질 미생물총과도 교류한다는 것이다. 즉 인체 미생물총은 부분이 아닌 전체로 기능한다.

　둘째, 미생물이 입을 통해 장내로 들어가지 않더라도, 즉 그 미생물이 사는 환경만 접해도 장내세균총이 변한다는 것이다. 즉 장내세균총은 외부 환경에 반응한다. 우울감이 있던 사람이 숲에서 산림욕을 한 후 기분이 좋아지고, 피부병 환자가 바닷가에 다녀온 후 증상이 개선되는 현상은 이렇게 우리 몸속의 미생물 변화라는 관점에서 설명할 수 있다.

## 한약재는 장내 환경을 바꾼다

산과 들에서 나는 식물 중 어떤 것은 음식으로 쓰고 어떤 것은 약으로 쓴다. 인삼이나 당귀, 지황이 몸에 좋다면 왜 음식으로 먹지 않는 걸까? 독성이 있어서일까, 아니면 비싸기 때문일까? 사실 식물성 한약재 대부분은 소화하기 힘든 형태를 갖고 있다. 사람이 분해, 흡수할 수 있는 단당류, 단백질, 지방이 아니라 분해와 흡수가 어려운 식이섬유와 폴리페놀이 주성분이다. 다시 말해, 한약재 성분을 소화하는 것은 '사람'이 아니라 '장내세균'이다.

한약은 장내 환경을 변화시킴으로써 장내세균에게 영향을 미친다. 한약재의 효능은 생태환경에서 살아남기 위해 투쟁한 노력으로 볼 수 있는데, 이를 내생균과의 교류로 이해할 수도 있다.

장내에 세균을 공급하는 것이 프로바이오틱스probiotics, 세균의 먹이를 공급하는 것이 프리바이오틱스prebiotics라면, 장내 환경을 바꾸는 한약과 먹거리는 엔비바이오틱스envi-biotics라 할 만하다.

지미 카터 전 대통령의 흑색종 치료에 사용되었다는 프로바이오틱스 균주가 바로 '아커만시아 뮤시니필라Akkermansia muciniphila'이다. 이 균주는 염증을 가라앉히고 면역을 조절하며 부티르산을 만드는 효능이 있어 궤양성대장염, 류머티즘성 관절염, 천식, 당뇨병, 비만 등과 관련해 연구가 진행되고 있다.

그런데 이와 비슷한 효능을 보이는 한약재가 있다. 삼지구엽초와 황련은 장내세균총의 아커만시아 뮤시니필라를 증가시켜 궤양성대장염을 호전시켰고, 창출 역시 아커만시아 뮤시니필라를 증가시켜 류머티즘성 관절염 증상을 개선했다.[31]

각각의 한약재는 장내 환경을 다르게 변화시킨다. 삼지구엽초, 황련, 창출 모두 아커만시아 뮤시니필라를 증가시키지만, 각기 다른 질병에 효능을 보이는 것이 그 때문이다.

2장

몸과 마음을
치유하는

장내세균

# 1 장내세균이 뭐길래

## 배 속의 또 다른 생태계

한 자리에 뿌리 박혀 사는 식물은 균근과 공생관계에 있고, 사람을 포함한 동물은 장내세균총과 공생관계에 있다. 그렇다면 사람과 장내세균총은 언제부터 공생관계를 맺었을까?

30억 년 전, 지구의 주인은 세균이었다. 이후 식물이 등장하고 그후에 동물이 등장하면서 공생이 시작되었을 것이다. 앞에서도 밝혔듯이, 인간의 장내세균은 종류만 2,000종 이상이고 개수는 100조 개이상이다. 장내세균의 총무게는 1~2킬로그램으로 뇌의 무게에 필적한다.

우리 몸에서 가장 많은 세균이 사는 곳은 대장이다. 대장 점막의 어떤 부위는 세균에 의해 두껍게 덮여 있는데 그 두께가 2.5센티미터가 되는 곳도 있다. 우리 몸의 세포가 약 60조 개이므로 장내세균의 수는 1.7배에 달한다. 이처럼 장내세균은 인체의 큰 부분을 차지

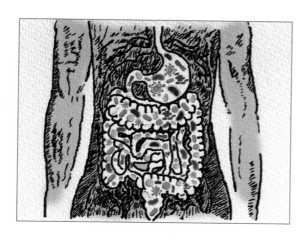

**위장관을 따라
존재하는 장내세균**
Luisfilipemoreira①

하는 분신 같은 존재이다. 그보다
더 중요한 것은 몇 분에서 몇 시간
안에도 증식할 수 있을 만큼 변화
무쌍한 존재라는 사실이다.

인간의 장내세균 밀도는 $10^{10}$ ~
$10^{12}$/ml로 지구상의 미생물 군집
중 가장 밀도가 높은 편이다. 이들
은 입으로 들어와 추가되기도 하
고, 자체 증식하기도 하며, 대변으로 배설되기도 한다. 대변 무게의
절반은 폐기된 장내세균이라 할 수 있다. 우리 배 속에 또 다른 생태
계가 존재하는 것이다. 대변 상태를 관찰하라는 얘기는 장내세균 상
태를 관찰하라는 말과 같다.

그런데 국가, 인종, 나이, 생활습관에 따라 장내세균총의 조성이
다르다. 같은 사람이라도 계절에 따라, 먹는 음식에 따라, 거주 환경
에 따라 변한다. 일란성 쌍둥이라도 장내세균총의 조성은 제각각이
다. 따라서 어떤 장내세균이 유익하고 유해한지 일률적으로 말할 수
없다. 나에게 유익한 균이 너에겐 유해할 수도 있기 때문이다.


## 장내세균이 하는 일 4가지


장내세균은 우리 몸에서 4가지, 매우 중요한 역할
을 하고 있다.

첫째, 소화와 영양분 흡수를 돕는다. 사람은 스스로 만들지 못하거나 흡수할 수 없는 영양분을 장내세균으로부터 공급받는다. 장내세균은 인체가 합성하지 못하는 비타민 B군이나 비타민 K는 물론, 필수아미노산인 트립토판과 페닐알라닌을 합성한다.

둘째, 물의 흡수를 돕는다. 『동의보감』은 진액이 마르는 것을 노화라고 규정했다. 사람이 나이 들면 장내세균이 감소하고 진액이 마른다. 신생아는 몸에서 물이 차지하는 비율이 90%이지만 성인은 약 70%, 노인은 약 50% 수준으로 감소한다. 장의 점액층에는 장내세균이 두텁게 붙어 있어서 이것이 물을 머금는 역할을 한다. 장내세균이 없으면 물을 마셔도 흡수되지 못하고 빠져나가 버린다는 뜻이다. 생쥐를 대상으로 한 실험에서, 대장이 무균상태인 쥐는 정상 쥐보다 물을 30% 이상 더 섭취해야 생존이 가능했다.

## '진액'과 '장내세균총'의 관계

한의학에서 자주 나오는 단어가 '진액'인데, 이는 진(津)과 액(液)을 합친 것이다. 진(津)은 땀처럼 옅은 액체이고, 액(液)은 관절낭, 안구 등을 채우는 진한 액체이다. 진(津)을 주관하는 곳은 대장이고, 액(液)을 주관하는 곳은 소장이다. 즉, 진액의 주체는 장(장내세균총)인 셈이다.

장내세균총이 감소하면 인체의 진액이 고갈되고, 장내세균총이 교란되면 인체의 진액도 교란된다. 한의학에서 당뇨나 소모성 질환으로 몸이 마르는 증상을 소갈(消渴)이라고 하는데, 장내세균총이 교란되면서 진액을 머금지 못하는 상태로 볼 수 있다. 최근 장내세균총 연구가 당뇨와 관련해 많이 이루어지고 있는 이유다.

셋째, 면역계 조절에 도움을 준다. 인체 면역계의 중요한 구성요소인 림프구가 만들어지는 골수를 제외하면, 우리 몸에서 림프구가 가장 많이 있는 곳이 장의 내벽이다. 장 내벽의 장림프조직GALT이 인체 총면역계의 70~80%를 담당하는 것이다. 왜 인간은 자신의 면역계를 장에 의지할까? 아마도 피부를 제외하고는 외부 물질을 접촉할 기회가 가장 많은 곳이기 때문일 것이다.

장은 체내의 다른 면역계와 끊임없이 소통하면서 문제가 생기면 나머지 면역계에 경계경보를 내린다. 면역계 대부분이 장 내벽에 몰려있기에, 장 내벽에 붙어 있는 장내세균은 면역계에 큰 영향을 미친다.

면역체계에 필수적인 조절 T세포Treg cell는 지나친 염증 반응을 억제하고 알레르기 질환과 자가면역 질환을 예방한다. 알레르기 질환은 자극 물질에 대해 인체가 과민 반응을 하는 것이고, 자가면역 질환은 내 몸을 지켜야 할 면역 세포가 오히려 내 몸을 공격하는 것이다. 그런데 이 조절 T세포가 가장 많이 몰려있는 곳이 장의 내벽이다. 장내세균총이 균형 상태에 있으면 조절 T세포가 증가하고, 균형이 깨지면 조절 T세포가 감소한다. 즉 장내세균총이 망가지면 염증 질환이나 알레르기 질환, 자가면역 질환을 앓기 쉬운 상태가 된다.

넷째, 침입자에 대항해 방어벽을 만든다. 장내세균총은 세균과 바이러스, 기생충과 같은 잠재적인 침입자를 막는 물리적인 방어벽을 만든다. 장내세균은 장내에 들어온 독소와 감염균에 대항하는 방어벽이다. 실제로 음식에 포함된 독소들을 장내세균이 중화하기 때문에 '제2의 간'이라 할 수 있다. 장내 유익균이 줄어들면 간의 부담이 커지는 것이다.

## 장내세균은 무엇을 먹고 사는가

　　　　우리가 음식을 먹으면 탄수화물, 지방, 단백질은 소화효소에 의해 분해된 다음 소장에서 흡수된다. 소장에서 미처 흡수되지 못한 탄수화물, 지방, 단백질과 소장이 흡수하지 못하는 식이섬유, 폴리페놀 등은 그대로 대장으로 넘어가는데, 이것이 바로 장내세균의 먹이다. 장내세균 중 유익균이 식이섬유와 폴리페놀을 좋아한다.

　　장내세균은 영양소와 대사산물을 추출하고, 합성하고, 흡수하는 데 중요한 역할을 한다. 특히 장내세균이 식이섬유를 발효시켜 만든 단쇄지방산(아세트산, 프로피온산, 부티르산 등)은 장 세포가 사용하는 에너지의 약 60%와 인체에 필요한 에너지의 약 10%를 제공한다.

　　이 중에서 주목해야 할 것이 부티르산이다. 사람과 장내세균총 간에 신호를 전달하는 연락병 역할을 하기 때문이다. 또한 부티르산은 장의 상피세포를 증식시켜서 점액층을 두껍게 하고, 상피세포를 촘촘하게 만들어 장누수증후군을 치료한다.

　　여기서 끝이 아니다. 장 점액층의 조절 T세포를 늘려주기에, 다발성경화증, 류머티즘 관절염, 과민성 장 증후군, 염증성 장 질환 등 자가면역 질환을 치료한다.[1] 이 외에도 뇌-혈관 장벽을 튼튼하게 하고, 고혈압, 당뇨, 고지혈증, 비만 같은 대사질환으로부터 인체를 보호하며, 우울증과 분노를 가라앉힌다. 이렇게 중요한 부티르산을 만드는 장내세균을 '부티르산균' 또는 '낙산균'이라 부른다.

　　우리는 느끼지 못하지만, 몸과 마음의 많은 부분이 장내세균총에 달려 있다.[2] 왠지 짜증이 나고 찌뿌둥한 느낌이 든다면, 최근 성욕도

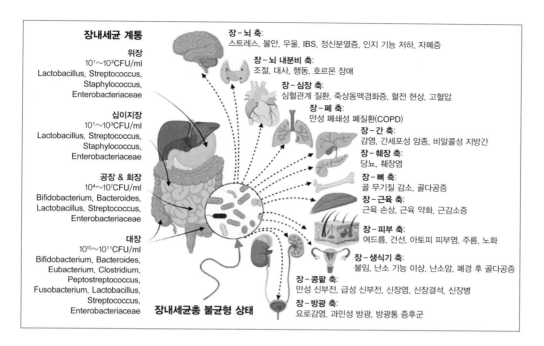

**장내세균 계통**

**위장**
$10^1$~$10^3$CFU/ml
Lactobacillus, Streptococcus,
Staphylococcus,
Enterobacteriaceae

**십이지장**
$10^1$~$10^3$CFU/ml
Lactobacillus, Streptococcus,
Staphylococcus,
Enterobacteriaceae

**공장 & 회장**
$10^4$~$10^7$CFU/ml
Bifidobacterium, Bacteroides,
Lactobacillus, Streptococcus,
Enterobacteriaceae

**대장**
$10^{10}$~$10^{11}$CFU/ml
Bifidobacterium, Bacteroides,
Eubacterium, Clostridium,
Peptostreptococcus,
Fusobacterium, Lactobacillus,
Streptococcus,
Enterobacteriaceae

**장내세균총 불균형 상태**

**장 - 뇌 축:**
스트레스, 불안, 우울, IBS, 정신분열증, 인지 기능 저하, 자폐증

**장 - 뇌 내분비 축:**
조절, 대사, 행동, 호르몬 장애

**장 - 심장 축:**
심혈관계 질환, 죽상동맥경화증, 혈전 현상, 고혈압

**장 - 폐 축:**
만성 폐쇄성 폐질환(COPD)

**장 - 간 축:**
감염, 간세포성 암종, 비알콜성 지방간

**장 - 췌장 축:**
당뇨, 췌장염

**장 - 뼈 축:**
골 무기질 감소, 골다공증

**장 - 근육 축:**
근육 손상, 근육 약화, 근감소증

**장 - 피부 축:**
여드름, 건선, 아토피 피부염, 주름, 노화

**장 - 생식기 축:**
불임, 난소 기능 이상, 난소암, 폐경 후 골다공증

**장 - 콩팥 축:**
만성 신부전, 급성 신부전, 신장염, 신장결석, 신장병

**장 - 방광 축:**
요로감염, 과민성 방광, 방광통 증후군

**장내세균총
불균형 상태[3]**

Afzaal

떨어지고 자주 감기에 걸린다면, 머리가 멍하고 세상만사 귀찮은 느낌이 든다면 장내세균을 의심해 볼 만하다. 장내세균총은 인체 전신에 대응해 전방위적인 역할을 한다.

# 2 항생제와
장내세균

## 페니실린을 발견한 플레밍의 경고

1928년 스코틀랜드의 미생물학자 알렉산더 플레밍 Alexander Fleming이 페니실린을 발견한 일화는 유명하다. 휴가를 다녀온 플레밍은 실험실에 들어가자마자 깜짝 놀란다. 유리 접시에 배양하던 포도상구균이 모두 녹아버린 것이다. 깜빡하고 유리 접시의 뚜껑을 덮지 않았던 탓이다. 플레밍이 자세히 살펴보니 포도상구균을 없앤 것은 푸른곰팡이 Penicillium notatum였다. 푸른곰팡이는 페니실린 penicillin을 분비해서, 세균의 생존과 번식에 필수적인 세포벽을 만들지 못하게 하는 방법으로 포도상구균을 죽인 것이다. 이 발견은 세계 최초의 항생제 개발로 이어졌고, 페니실린은 세균감염으로부터 인류를 구원했다.

그런데 행복했던 시간은 채 20년도 가지 못했다. 페니실린 발견으로 1945년 노벨 의학상을 받은 플레밍은 수상 소감에서 "페니실린을 너무 많이 사용하면 내성균이 나타날 것이다"라고 경고했다. 실제로 1940년대부터 페니실린 내성균이 급속히 증가했고, 1950년대에는 포도상구균의 60% 이상이 페니실린에 죽지 않았다.

세계보건기구WHO가 '인류 생존을 위협하는 10가지 위험'을 꼽았는데, 그중 하나가 항생제 내성균이다. 유엔환경계획UNEP 보고서는 2019년 항생제 내성균으로 인한 사망자가 127만 명이고, 2050년엔 1,000만 명까지 치솟을 것으로 예측했다. 놀랍게도 암으로 인한 사망자보다 많은 것이다. 국내 상황도 다르지 않다. 질병관리청에 따르면, 항생제 내성균 감염으로 인한 사망자가 2017년 37명에서 2022년 539명으로 14배 증가했다. 인류 전체에게 경고 신호가 울리고 있는 것이다.

페니실린 내성균이 등장하자 인류는 새로운 항생제를 만들어내고 있다. 그러나 세균과의 싸움에서 항생제가 이기기는 힘들 것으로 보인다. 내성균 종류가 다양해지고 확산 속도도 빨라지면서, 페니실린 이전 시대로 돌아갈 수도 있다는 우려가 커지고 있다. 항생제 내성균 확산의 가장 큰 원인은 항생제 남용이다.

항생제는 우리 몸의 모든 세균을 죽인다. 좋은 균과 나쁜 균을 가리지 않는다. 당연히 장내세균도 죽인다. 특정 항생제를 투여하면 특정 세균이 곧바로 사멸하고 다른 세균은 번성함으로써 장내세균총의 다양성과 조성이 즉시 바뀐다. 여기서 '다양성'이란 세균의 종류와 이들이 장내에 얼마나 고르게 분포되어 있는가를 말한다.

인체의 장 안에서 세균만 공생하는 것이 아니다. 고균, 곰팡이, 바이러스도 공생하고 있다. 항생제가 장내세균을 죽이면 장내에 있던 곰팡이와 바이러스가 급증해서 또 다른 문제를 일으킬 수 있다.

## 한 번 먹은 항생제, 그 영향은 2년 후까지

항생제 클린다마이신clindamycin을 1주일간 복용한
사람의 장내세균을 2년간 관찰한 연구 결과가 있다. 장내세균 중 박
테로이드의 클론 유형 수를 관찰한 연구인데, 복용 1주일 후부터 클
론 유형이 급격히 감소했고 2년이 지나서도 항생제 복용 이전으로
회복되지 못했음이 밝혀졌다. 클린다마이신에 내성이 생긴 클론 유
형은 복용 후 9개월이 지났을 때 88%로 가장 높았고, 복용 후 2년이
지나서도 58%를 유지했다.

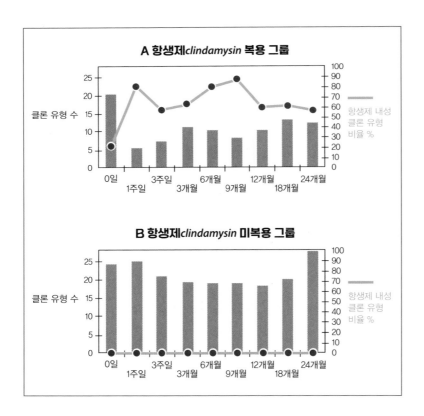

항생제 복용 후
2년간 항생제 내성
클론의 유형 수 변화

Jernberg, Cecilia, et al

반면, 클린다마이신을 복용하지 않은 사람은 2년 동안 박테로이드의 클론 유형에 큰 변화가 없었고, 내성이 생긴 비율도 2년 내내 거의 0%였다.[4] 이 연구 결과들로부터, 항생제를 복용하면 장내세균총이 교란되고 항생제 내성균들이 급증하는데, 그 영향이 2년 이상 지속될 수 있음을 알 수 있다.

## 항생제는 매일 몸속으로 들어온다

문제는 현대사회에서 항생제가 광범위하게 사용된다는 것이다. 단순히 의약품만 생각해서는 안 된다. 현대 축산업에서도 항생제가 많이 사용된다. 가축의 감염을 치료할 목적뿐만 아니라 항생제가 비만을 유발하는 세균을 증가시켜 가축이 더 빨리 더 크게 자라게 하는 효과도 내기 때문이다.

가축에게 항생제를 투여하면 빠른 시간에 가축의 장내세균총이 변하고 항생제 내성균이 크게 증가한다. 육류, 가금류, 유제품에 들어간 항생제는 다시 사람의 몸으로 들어온다. 이렇게 음식을 통해 항생제를 간접 복용하더라도 비만이 촉진되고 내성균이 증가하는 것을 피할 수 없다.[5]

흙에 거름으로 주는 가축의 분뇨에서도 항생제가 검출된다. 이런 식으로 토양 내 항생제 성분이 증가하면 항성제 내성균도 더불어 증가해,[6] 사람과 동물에게 되돌아온다. 나만 항생제를 복용하지 않으면 된다고 생각해서는 안 된다는 뜻이다.

항생제는 인류의 건강에 절대적 영향을 미쳤다. 헬리코박터 파일

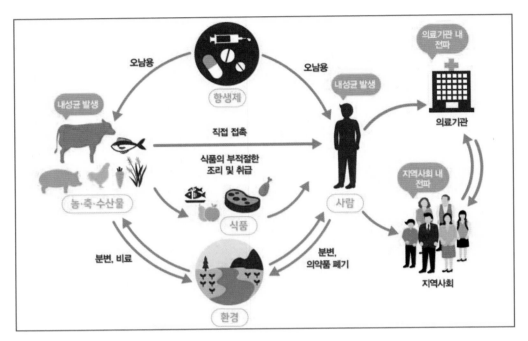

**항생제 내성균의
발생 및 전파 경로**

국가 항생제
내성 관리 대책

로리 균에 의해 생긴 위궤양이라면 1주일 정도 항생제 복용으로 치료된다. 하지만 장내세균총 교란이라는 부작용은 필연적이다.

항생제는 천식, 과체중, 당뇨병 같은 육체적 질병뿐 아니라 치매, ADHD, 우울증 등 정신적 질환에도 악영향을 미친다. 믿기 어려울 수도 있다. 하지만 이러한 질환을 연결하는 공통분모는 염증이고, 염증이 생기기 전 단계에 장내세균총의 교란이 발생한다는 사실은 자명하다.

## 장내세균을 살리면 병이 낫는다

장내세균이 인체의 면역력을 높이는 데 도움을 준다고 했다. 그런데 가벼운 감기에도 항생제를 쓰고, 과식과 폭식, 가공식품을 먹어 장내세균을 학대하고, 과도한 정신적 스트레스를 받고, 환경오염 등에 노출되면 장내세균총이 교란된다. 복합적 재난 상황이 펼쳐지는 것이다. 그러면 전체 세균 수와 균종 수가 변하고 각 균종의 비율이나 위치가 달라짐으로써 특정 세균이 소멸하고 다른 세균이 창궐한다.

장내세균총의 불균형 상태에서는 뇌, 내분비계, 심장, 폐, 간, 췌장, 뼈, 근육, 피부, 생식기, 콩팥, 방광 등 전신에 문제가 생길 수 있다. 비만, 장 질환, 관절염, 암과 같은 염증성 질환[7]은 물론, 알츠하이머병, 루게릭병, 자폐증, 우울증, 파킨슨병, 류머티즘 관절염 등 많은 현대병이 장내세균총의 불균형과 관계가 있다.[8]

장내세균총의 교란은 당뇨의 발병에도 큰 영향을 미친다. 특히 제2형 당뇨병의 경우, 장내세균총으로 인한 경우가 많다. 병을 치료하기 위해 여러 종류의 항생제를 복용하면 불균형 상태는 더 심해져서 당뇨병 위험이 증가한다.[9] 또한 발이 저리고 화끈거리거나 쉽게 통증을 느끼는 당뇨병성 신경병증에도 결정적인 영향을 미친다. 따라서 제2형 당뇨병 치료에서는 장내세균총의 균형을 회복하는 것이 매우 중요하다.

## 한약과 장내세균, 그리고 당뇨병

2015년 「국제 미생물생태학회지」에 흥미로운 논문 한 편이 실렸다. 제2형 당뇨병 환자에게 '갈근황금황련탕'이라는 한약을 12주간 복용하게 했을 때의 효과를 연구한 것이다. 실험 대상은 저용량, 중용량, 대용량의 3개 그룹으로 나눠졌다. 연구 결과, 한약이 '용량 의존적으로' 당뇨에 유익한 피칼리박테리움Faecalibacterium 속의 균을 증식시켰음이 확인되었다. 한약을 복용한 그룹은 공복시 혈당과 당화혈색소가 개선되고, 인슐린 분비가 호전되었다. 그리고 그 효과는 대용량 그룹에서 가장 뚜렷했다.[10]

피칼리박테리움 속 세균은 부티르산을 만들어서 장점막을 튼튼하게 하므로 당뇨 증상이 개선된 것이다. 한약의 대부분은 인체가 아니라 장내세균에 직접 작용한다. 장내세균총의 존재를 통해, 수천 년 역사를 지닌 한의학의 가치가 재조명되고 있다.

갈근황금황련탕의
제2형 당뇨병에
대한 효과
Xu, Jia, et al.

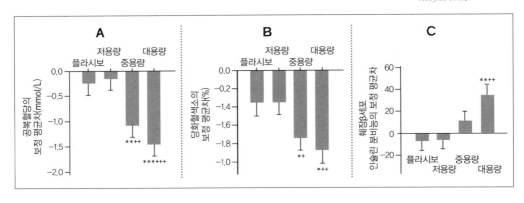

# 3

# 장의 위험 신호,
# SIBO와 장누수증후군

## 소장에 세균이 과다 증식하는 SIBO

인체의 최대 면역 기관은 '장'이다. 소장에 문제가 생기면 면역력이 떨어져 감기나 독감에 걸리게 되는 것이다. 소장은 원래 세균이 달라붙기 힘든 곳이다. 격렬하고 빠르게 움직이며, 산도pH가 낮고, 항균 물질이 많기 때문이다.

그런데 항생제 남용이나 과식, 폭식, 가공식품, 스트레스, 환경오염 등은 소장의 연동운동을 느려지게 하고, 그 결과 대장에 있어야 할 장내세균이 소장의 점막을 침범한다. 이것이 바로 '소장세균 과다증식 증후군', 즉 SIBOSmall Intestine Bacterial Overgrowth이다. 대장에 있을 때는 유익균이었더라도 소장에서 증식하면 유해균이 된다는 것이 문제다.

소장에서 세균이 과도하게 증식하면 복통과 설사, 변비, 구토, 가스, 복부 팽만 등 위장관 증상이 유발된다. SIBO 환자는 소장액이 혼탁하며 소장 점막에 염증이 생기거나 헐기도 한다. 피로감이나 집중력 저하, 브레인 포그brain fog[11] 등의 증상도 나타난다. 소장의 연동운동과 기능에 문제가 생기면 그 여파가 소장에 머무는 것이 아니라 전신에 파급된다는 것이 더 큰 문제다. 심부전이나 간부전, 신부전, 뇌경색, 암, 치매 등 전신 질환이 나타날 수도 있다.[12]

건강한 사람도 체내에서 매일 몇 리터의 가스가 발생하는데, 가스 대부분은 장내세균이 음식을 발효할 때 만들어지는 $H_2$, $CH_4$, $CO_2$이다. 대장은 지름이 크고 탄력이 있어서 가스가 차더라도 큰 문제가

---

## 복부 온열치료의 효과

『동의보감』은 '탯줄을 끊으면 작고 신령스러운 기운이 배꼽 아래 모인다'라고 했다. 배꼽의 위치는 소장과 대장의 중간쯤인데, 출생 후 배꼽을 중심으로 장내세균총이 자리 잡는 것을 보면 대단한 통찰력이 아닐 수 없다. 동의보감은 '명나라 때 얼굴이 어린아이 같은 100세 노인이 있었는데, 매년 배꼽에 뜸을 한 장 떴기 때문'이라는 일화도 소개한다.

미국의 로스웰 파크 종합 암센터는 복부와 골반 종양에 온열치료를 해서 장내세균총에 영향을 미칠 수 있다고 밝혔다.[13] 두 사례 모두 배꼽, 즉 소장 부위에 열을 가하는 것이다. 열을 가하면 소장의 연동운동이 빨라지므로 SIBO를 막고 장내세균총이 회복된다.

소장의 연동운동은 사람이 무언가를 먹을 때만 멈춘다. 만약 하루 종일 간식을 입에 달고 있다면, 장을 청소하는 연동운동을 할 틈이 없다. 소장을 정화하기 위해서는 주기적으로 공복 시간을 두는 것이 중요하다.[14] 배에서 나는 꼬르륵 소리는 장이 열심히 청소 운동을 하고 있다는 증거다. 단식으로 질병이 치료되는 것도 소장의 연동운동이 정상화되면서 장내세균총이 균형을 회복하기 때문이다.

되지 않고 방귀로 쉽게 배출된다. 반면 소장에서 생긴 가스는 대부분 혈액에 녹아든 뒤 폐를 거쳐 날숨으로 배출된다. SIBO 환자의 소장 내 $H_2$와 $CH_4$ 가스 양은 건강한 사람의 5배 이상이 되기도 한다.

소장의 점막은 상피세포가 촘촘하게 결합된 밀착연접tight junction 형태여서 지름도 작고 탄력도 작다. 만약 소장에 가스가 가득 차서 부풀면, 소장 점막이 얇아지면서 밀착연접이 느슨해진다. 이런 상태가 바로 장누수증후군이다.

## 장누수증후군과 염증

소장 점막이 콘크리트 벽처럼 견고하지 않고 밀착연접 형태인 것은 영양소는 혈류로 흡수하고 유해한 물질은 차단하기 위해서다. 적과 아군을 확실하게 구분하는 것이다. 소장의 입장에서 유해한 물질이란 지질다당류LPS나 글루텐, 덜 분해된 단백질 펩타이드, 병원균 같은 덩치 큰 물질이다. 그런데 SIBO로 밀착연접이 느슨해지면 덩치 큰 유해 물질들이 혈류로 들어가 염증을 일으키게 된다. 이것이 장누수증후군leaky gut의 메커니즘이다.

물론 한 가지 원인만으로 밀착연접이 느슨해지는 것은 아니다. 장내의 유익균들은 장 점막을 보호하면서 장 점막이 흡수하는 영양 물질의 분자 크기를 모니터링한다. 이런 역할을 하는 유익균이 부족해도 장 점막이 손상되고 밀착연접이 느슨해진다. 특정 약품이나 병원균, 스트레스, 환경 독소 등의 요인으로도 밀착연접이 느슨해질 수 있다.

엎친 데 덮친 격으로, 그람음성균Gram-Negative이 소장에서 과잉증식하면 지질다당류LPS라고 불리는 내독소endotoxin를 더 많이 뿜어낸다. 느슨해진 밀착연접을 통과해 지질다당류가 혈류로 들어가면 격렬한 염증 반응이 일어난다. 염증성 장 질환, 음식 알레르기, 관절염, 비만, 당뇨병, 천식, 습진, 비알콜성 지방간, 간경변, 신장

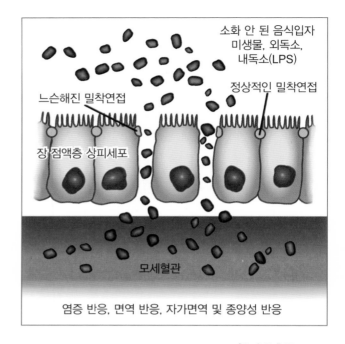

소화 안 된 음식입자
미생물, 외독소,
내독소(LPS)

느슨해진 밀착연접

정상적인 밀착연접

장 점액층 상피세포

모세혈관

염증 반응, 면역 반응, 자가면역 및 종양성 반응

병, 동맥경화, 심근경색, 뇌경색을 포함한 광범위한 건강 문제를 일으키는 것이다.[15]

신체 증상이 다가 아니다. 지질다당류가 증가하면 신경세포neuron가 활성화되지 못해 알츠하이머병, 파킨슨병, 자폐증, 간질, 우울증, 조현병, 강박장애를 포함한 신경학적 질환이 유발되거나 악화된다.

# 4

# 장신경계와
# 장-뇌 축

## 장은 제2의 뇌

생물이 단세포생물에서 다세포생물로 진화하면서 여러 가지 새로운 기관이 생겼는데, 가장 먼저 생긴 것이 소화관이다. 먹어야 살아남을 수 있기 때문이다. 진화론적으로 보면 뇌, 심장, 콩팥보다 소화관이 먼저 생겼다.

장은 입, 식도에서 시작해서 위장, 소장, 대장을 거쳐 항문까지 연결되어 있으면서, 장신경계enteric nervous system라는 광범위한 신경망을 갖추고 있다. 신경을 쓰면 소화가 안 되는 것은 뇌가 장신경계를 지배하기 때문이라는 것이 통설이다. 하지만 사실은 그렇게 단순하지가 않다. 장신경계가 뇌와 상호작용을 하는 것은 맞지만, 상당히 독립적으로 움직인다. 뇌와 연결된 신경(미주신경을 포함해서)을 모두 제거해도 장신경계가 제대로 작동한다는 것이 그 증거다.

말초신경계 중 가장 크고 가장 복잡한 것이 장신경계다. 장신경계는 운동, 감각, 흡수 및 분비 기능을 촉진하기 위해 2~6억 개의 뉴런을 가지고 있다. 뇌의 뉴런 수와 비교하면 1/200 수준이지만, 척수 속 뉴런 수보다는 5배나 많다. 그래서 장을 '제2의 뇌'라 부르는 것이다.

## 장이 감정과 기분을 좌우한다

장내세균은 장신경계와 밀접한 관련이 있는데, 장내세균 중에는 신경전달물질을 직접 만드는 것들도 있다. 실례로 유산균과 비피더스균은 뇌의 신경전달물질인 GABA(감마아미노부티르산)를 생성하는데, GABA는 불안을 누그러뜨리고 스트레스를 잘 견딜 수 있게 해준다. 불안이 위장관 장애를 유발하기도 하지만, 거꾸로 장내세균총의 불균형으로 GABA 생성이 줄어들어 불안이 유발되기도 한다.

또한 장내세균은 감정이나 기분에 영향을 미치는 스트레스 호르몬인 코르티솔cortisol을 조절해서, 불안과 우울감을 막아준다. 또한 행복감을 느끼게 해주는 세로토닌의 90%가 장에서 만들어져 뇌로 이동한다. 쾌락 호르몬이라 불리는 도파민의 50%도 장에서 만들어진다. 결국 사람의 기분과 감정은 장에 달려 있다.

뇌질환이나 정신질환 때문에 장에 문제가 생기는 것이 아니라, 장에 문제가 생겨서 뇌나 정신에 문제가 생기는 것일 수도 있다. 이미 2500년 전에 히포크라테스는 "모든 병은 장gut에서 시작된다"라

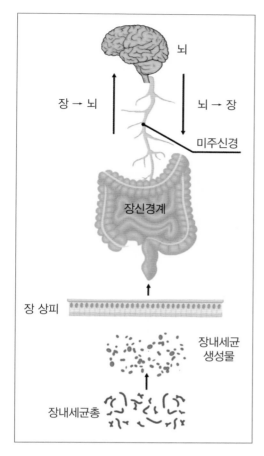

장내세균총과 장,
그리고 뇌[17]
Natale

고 일갈했다. 1908년 노벨생리의학상 수상자인 일리야 메치니코프는 '죽음은 장에서 시작된다'라는 관점을 제시하며, 인간의 수명이 장내세균총의 건강과 균형에 달려 있다는 놀라운 이론을 제시했다. 장내세균총은 뇌와 정신 건강에 매우 중요한 역할을 한다.

SIBO(소장세균 과다증식 증후군)의 합병증으로 뇌 기능에 문제가 생기기도 한다. 가볍게는 수면 리듬이 바뀌거나 우울감, 브레인 포그가 생기고, 심하면 이상 행동이나 섬망 증상을 보인다. 이때 항생제를 투여하면 이상 증상이 눈에 띄게 호전되는 경우가 있는데, 과다 증식한 장내세균을 잡아주기 때문이다.[16]

## 장-뇌 축 gut-brain axis이란

우울증에서 조현병에 이르는 정신질환 전반에 염증이 관여한다는 주장에 힘이 실리고 있다. 염증 수준이 높을수록 우울증 위험이 증가한다. 따라서 우울증은 염증성 질환인 파킨슨병, 다발성경화증, 알츠하이머병 등과 같은 관점에서 볼 수 있다.[18]

장내세균총이 교란되어 SIBO가 유발되면 지질다당류LPS가 전신에 염증 반응을 일으켜서 우울증, 알츠하이머병, 간질, 조현병, 강박장애 등 다수의 신경학적 질환을 악화시킨다.[19] 이렇게 장의 기능이 뇌 기능에 직접 영향을 미친다는 것을 '장-뇌 축gut-brain axis' 이론이라고 한다.

따라서 장내세균을 잘 관리하면 스트레스를 줄이고 정신질환도 치료할 수 있다. 일부 프로바이오틱스가 정서장애와 불안장애, 인지장애, 자폐증, 불면증 등에 도움이 된다는 사실이 알려지면서 특별히 '사이코바이오틱스psychobiotics'라 부르기도 한다.

# 5 장내세균총의
## 탄생

## 자연분만은 장내세균총의 씨앗 뿌리기

한 인간의 장내세균총은 언제 어떻게 만들어질까? 엄마 자궁 속 태아의 장은 무균상태다. 아기가 태어날 때 엄마의 산도를 통과하면서 질액 속의 다양한 세균과 접촉하는데, 이를 씨앗으로 신생아의 세균총이 뿌리를 내리게 된다.

그런데 자연분만이 아니라 제왕절개로 태어나면 어떻게 될까? 엄마의 산도를 통과하지 못하므로 산모의 피부 세균만 접촉하게 된다. 출산 시에 어떤 세균에 접촉하느냐는 이후 면역계 발달과 장내세균총 형성에 큰 영향을 미친다.

자연분만 신생아의 입과 코, 인두咽頭, 태변에는 산모의 질 부위에 존재하는 유산균이 우세하고, 제왕절개 신생아는 산모의 피부에 존재하는 포도상구균이 우세하다.[20]

유산균은 신생아를 유해균으로부터 보호하면서 비피더스균의 성장을 돕는다. 비피더스균은 다시 부티르산균이 장내에 뿌리내리는 것을 돕는다. 신생아 초기에 부티르산균이 장내에 뿌리를 잘 내려야 이후 장내세균총의 균형과 면역력 형성이 순조로워진다. 반면 포도상구균은 과도하게 증식할 경우 문제를 일으킬 수 있다.

## 제왕절개 분만의 위험

제왕절개로 태어났거나 분유를 먹고 자란 영아는 나중에 다양한 질환에 시달릴 위험이 상대적으로 크다. 두 요인 모두 영아의 장내세균총 조성을 바꿔 위험을 높일 수 있기 때문이다. 또한 제왕절개를 할 때 산모에게 항생제를 투여하기 때문에, 아기는 태어나면서부터 강력한 항생제에 노출된다. 연구 결과를 종합해보면, 제왕절개로 태어난 아기는 자연분만 아기와 비교해 다음과 같은 위험에 노출될 우려가 있다.[21, 22]

- 알레르기 질환에 걸릴 위험이 5배 높다.
- ADHD(과잉행동 집중력 장애)의 위험이 3배 높다.
- 자폐증의 위험이 2배 높다.
- 성인이 된 후에 비만 위험이 50% 증가한다.
- 제1형 당뇨병의 위험이 70% 증가한다.
- 자가면역 질환의 위험이 증가한다.
- 신생아 기회감염이 증가한다.
- 인지 및 행동 장애를 포함한 신경내분비 이상 위험이 높다.

## 제왕절개 아기를 위한, 질액 바르기

제왕절개의 문제점이 부각되면서 '질액 바르기 vaginal seeding'라는 방법이 개발되었다. 제왕절개로 태어난 신생아의 입과 눈, 피부에 산모의 질액을 발라주는 것이다.

생후 1년 동안 영아들의 장내세균총을 관찰한 논문에 따르면, 제왕절개로 태어나 '질액 바르기'를 한 영아의 장내세균총과 피부세균총 조성은 자연분만 영아에 더 가까웠다고 한다. 제왕절개 신생아에게 산모의 질액을 발라 주는 간단한 방법으로 영아의 세균총 발달을 도울 수 있다.

이뿐 아니라 논문에서 매우 흥미로운 관점을 발견할 수 있다. 출산 당일, 산모의 질 세균총에서 장내세균총의 세균이 많이 검출되었다는 것이다. 질 세균총 균주의 거의 30%가 장내세균총 균주와 공유되었고, 22.3%는 피부, 입, 코 등 더 멀리 있는 신체 부위의 세균총 균주와 공유되었다. 이를 임신하지 않은 여성과 비교하면 어떤 차이가 있을까? 비임신 여성의 질 세균총 균주는 장내세균총 균주와 전혀 공유되지 않았다. 다만 피부를 비롯한 다른 부위의 세균총 균주와는 20% 미만 공유되었다.[23]

출산이 임박하면 산모는 몸 안의 다양한 세균총의 세균들을 질액에 끌어모으고, 산도를 통과하는 태아를 흠뻑 적셔 준다. 이후 질액의 세균들은 씨앗처럼 영아의 피부, 구강, 장내, 질 등 다양한 부위에 뿌리내려 세균총을 만들고 면역계를 활성화시키는 역할을 한다. 질액 바르기vaginal seeding의 영어 표현이 씨뿌리기seeding라는 데에는 큰 의미가 있다. 자연의 힘은 실로 위대하다.

# 6 이사 가면
# 장내세균총이 변한다

## 빛, 소리, 온도가 장내세균총을 바꾼다

장내세균총을 변화시키려면 먹는 것을 변화시켜야
한다고 생각하기 쉽다. 장내세균은 외부와 단절되어 있고, 인간이
먹은 음식에 기생하는 하등한 존재라고 믿기 때문이다. 하지만 이것
은 대단한 착각이다.

장내세균총은 계절과 환경에 따라서도 달라진다.[24] 똑같은 사람
이라도 열대에 사는지 한대에 사는지, 시골에 사는지 도시에 사는지
에 따라서 장내세균총이 달라진다. 1인 가구인지 대가족인지, 외동
인지 형제가 많은지, 형제가 많을 때도 손위형제가 많은지 손아래
형제가 많은지에 따라서도 장내세균총이 달라진다. 피부 자극을 통
해서도 장내세균총은 변한다. 즉 장내세균총은 외부의 환경변화를
감지하고 그에 맞춰 변화하는 주체적 존재다.

캘리포니아 주립대학교에서 실험용 쥐를 사육했는데, 대학 캠퍼

스 안의 한 시설에서 다른 시설로 옮겼더니 하루 만에 쥐의 장내세균총에 현저한 변화가 나타났다. 5일이 지나서야 서서히 옮기기 전의 장내세균총 상태로 회복되었다. 쥐의 장내세균총은 안정적이고 탄력적으로 회복되었는데, 잠깐의 이동이 쥐의 장내세균총에 5일간이나 영향을 미친 것이다.[25]

두 시설의 온도와 빛, 습도, 먹이, 케이지 등을 똑같이 유지했는데도 잠깐 이동 후 5일간이나 장내세균총이 변했다면, 변화를 일으킨 원인은 무엇이었을까? 캠퍼스 내에서의 이동이니, 이동 시간과 거리는 길지 않았다. 케이지 속에만 갇혀 있던 쥐는 이동하면서 새로운 공기와 빛, 온도, 소리, 냄새, 흔들림을 접했고, 그 영향이 장내세균총에 변화를 일으킨 것이다. 이후 다른 실험에서도 빛, 소리, 온도가 쥐의 장내세균총에 영향을 미친다는 사실이 확인되었다.[26]

사람도 다르지 않다. 잠깐의 환경변화가 장내세균총을 변화시킬 수 있다. 교도소의 죄수에게 1시간의 산책을 시킨다면 장내세균총에 큰 영향을 미칠 수 있다. 밥맛 없던 사람이 등산을 가면 식욕이 돌고 우울하던 사람도 유쾌해지는 것과 같다. 산과 들, 바다와 동굴에 가거나, 온천욕을 하거나, 숲속을 거닐거나, 주거 환경을 바꿔도 사람의 장내세균총은 변한다.

우리는 기분 전환을 위해 밖으로 나갈 때 '바람 쐬러 간다'라고 표현하는데, 사실은 환경이 바뀌어 장내세균총이 변하면서 장-뇌 축 gut-brain axis을 통해 기분이 전환되는 것이라 설명할 수 있다.

## 미생물 세계에서 유전자는 중요치 않다

     케냐의 개코원숭이 연구에서, 장내세균총은 유전적인 관계보다 사는 곳의 토양이 15배 중요하다는 사실이 밝혀졌다.[27] 사람을 대상으로 한 이스라엘의 연구에 따르면, 멀리 떨어져 사는 친척들의 장내세균총은 유사성이 떨어지는데, 같이 사는 타인들의 장내세균총은 상당한 유사성을 보였다.[28] 유전자보다 환경이 장내세균총에 더 큰 영향을 미친다는 말이다.

    사람의 공생 미생물은 환경에 따라 변한다. 즉 피부 미생물은 노출된 토양 미생물의 조성과 비슷해지고, 코의 미생물 조성은 공기

### 장에 좋은 '부티르산균' 늘리는 방법

부티르산균을 장에 이식하는 방법에는 4가지가 있다. 앞에서도 밝혔듯이 첫째가 자연분만, 둘째가 모유 수유이다. 엄마의 몸에 있던 유익균이 출산과 수유를 통해 자연스럽게 영아에게 전달되기 때문이다. 성인이라면 나머지 2가지 방법이 남아 있다. 즉 식사를 채식 위주로 하는 것, 그리고 외부 자연환경을 자주 접하는 것이다.[29]

부티르산균은 혐기성세균이어서 무산소 환경인 땅속이나 동물의 내장에서 활동한다. 산소가 풍부한 자연환경에서는 내생포자(endospore)로 변해서 휴면 상태에 들어간다. 내생포자는 흙이나 나뭇잎에 묻어 있거나 공기 중을 떠다닌다. 이 것이 음식이나 공기, 피부 접촉을 통해 인체 내로 들어오면, 장에서 다시 영양세포로 발아해서 부티르산을 만든다. 따라서 흙과 나뭇잎을 만지고 자연의 공기를 마시는 것이 중요하다.

미생물 조성과 비슷해진다.[30] 집에서 반려동물이나 식물을 키워도, 다른 사람들과 교류해도 장내세균총과 피부 미생물이 변한다.

태국의 원숭이 공원에서 일하는 노동자들의 장내세균총은 원숭이 장내세균총의 영향을 받았다.[31] 가축이나 가금류 사육 농장 근처에 사는 사람은 도시민보다 피부 미생물이 다양했고, 아토피성 피부염에 걸릴 확률이 낮았다.

이렇듯 사람의 장내세균총은 매우 역동적이어서 음식과 물, 공기, 흙뿐만 아니라 식물, 동물과의 접촉을 통해서도 변한다. 그렇다면 건강한 장내세균총을 위해 유산균을 찾기보다는, 나의 체질에 맞는 환경을 찾아 그곳에서 살거나 최소한 자주 방문하는 것이 바람직하다. 그러면 나의 장내세균총이 변하고, 그 변화는 전신에 파급된다. 이것이 생태 치유다.

## 3장

사람과 지구를
살리는

생명 시스템

# 1

# 숲과
# 서해안 갯벌의 비밀

## 느슨하게 닫힌 순환 시스템

생명력이 왕성하다는 것은 순환이 잘 이루어진다는 뜻이기도 하다. 막히고 고인 것은 썩는다는 것이 우주의 진리다. 그런데 순환이 잘 이루어진다는 것은 하나의 계界가 닫혀 있고 그 안에서 순환이 이루어짐을 전제한다. 그런데 지구의 생명체는(비생명조차도) 외부와 단절되는 것이 불가능하고 단절되어서도 안 된다.

그렇다면 생명의 순환이란 외부가 느슨하게 닫힌 채 내부가 순환하는 것을 의미한다. 이것이 무슨 뜻인지 바로 이해할 수 있는 물건이 전통 약탕기다. 잠시 전통 약탕기에 약재를 넣고 달이는 모습을 상상해 보자. 흙으로 빚은(옹기) 약탕기의 벽과 뚜껑은 느슨하게 닫혀 있다. 외부의 공기와 수분, 미생물이 안팎으로 드나들 수 있는 구조다.

약을 달일 때 약탕기 안에서는 증발과 이슬 맺힘, 하강 작용이 반

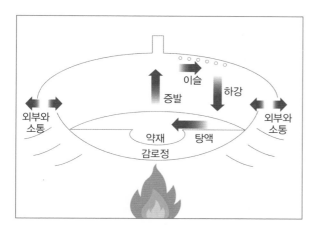

약탕기의 느슨하게
닫힌 순환 시스템

복되면서 수분과 공기, 미생물이 순환한다. 외부는 느슨하게 닫혀 있고 내부는 순환하는 시스템이 구현되는 것이다.

내부에서 순환이 일어나려면 외부가 닫혀야 한다. 사방팔방으로 열린 시스템에서는 그냥 흩어질 뿐 순환할 수 없다. 닫힌 시스템 중에서도 느슨하게 닫힌 것과 꼭 닫힌 것에는 차이가 있다. 옹기 약탕기처럼 느슨하게 닫힌 시스템에서 만들어진 탕약은 외부와 소통하기에 끝맛이 달고 입에 침이 고인다. 반면 스텐 재질의 유압식 약탕기로 달이면 끝맛이 쓰거나 텁텁한데, 외부와의 소통이 단절된 꼭 닫힌 시스템이기 때문이다.

## 반투막 껍질과 감로정

닫힌 시스템은 시스템을 안과 밖으로 나누는 껍질을 갖고 있다. 그런데 느슨하게 닫히기 위해서는 이 껍질에 작은 구멍이 있어야 한다. 따라서 느슨하게 닫힌 시스템에서의 껍질은 반투막semipermeable membrane과 같은 개념이다. 그래야 외부와 소통하면서 내부에서 순환이 이루어진다. 이 반투막의 대표적인 것이 모든 생명체의 세포막이다. 매우 작은 구멍을 통해 수분과 특정 성분들이 들락날락한다. 그리고 다양한 이온들이 통과하는 통로들도 존재한다.

외부와 소통한다는 것은 다시 말해 외부 미생물과 교류한다는 뜻이다. 교류가 이루어져야 내부 미생물의 균형이 유지되고 내부 순환이 이루어진다. 외부와 완전히 단절되면 내부 미생물의 불균형이 초래되고 내부 순환이 멈춘다. 김치를 김장독에, 장을 장독에, 위스키를 오크통에 넣어 발효시키는 것도 느슨하게 닫힌 순환 시스템을 이용한 것이다.

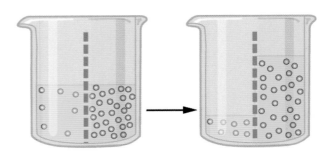

반투과성 막을 통한 물의 확산
OpenStaxⓦ

내부의 순환이 오랜 시간 반복되면 '단맛'이 생기는데, 이를 감로정甘露精이라고 한다. 감로정이란 단어에는 단순한 단맛 이상의 의미가 담겨 있는데, 3가지로 요약할 수 있다.

첫째, 감로정은 몸에 좋은 단맛甘을 뜻한다. 초콜릿이나 인공감미료는 달지만 입에서 침이 나오지 않고 오히려 물이 당기게 한다. 하지만 누룽지, 숭늉, 된장국, 묵은지, 밥을 오래 씹을 때 나는 단맛은 침이 나오게 하고 물을 당기지 않는다.

둘째, 감로정이란 물의 특별한 상태露를 말한다. 아침 이슬이나 새벽의 정화수, 썰물일 때 갯벌 속의 물, 깊은 땅속에서 올라온 샘물처럼 상대적으로 무겁고 끈끈한 물을 일컫는다.

셋째, 이 끈끈한 물은 생명체의 진액과 정액精을 보충해 준다는 뜻을 갖고 있다. 그래서 감로'수'가 아니라 감로'정'甘露精이라 부르는 것이다.

## 오래된 숲의 설계도

　　오래된 숲에 들어가면 낮에도 햇볕이 잘 들지 않는
다. 나뭇잎 사이로 볕이 살짝살짝 들 뿐이다. 550년 역사를 가진 광
릉수목원을 떠올리면 된다. 오래된 숲은 키 큰 어머니 나무를 중심
으로 양쪽으로 키가 조금씩 낮아지면서 전체적으로 지붕 모양을 이
룬다.

　　햇볕이 숲의 바닥으로 과도하게 들어오면 숲 내부의 수분이 쉽게
증발해 버리고, 햇볕이 전혀 들어오지 않으면 숲 바닥의 생명체가
살아갈 수 없다. 숲의 지붕이 느슨하게 닫혀 있어야 수분과 영양분,
동식물과 미생물이 보존되면서 숲 내부에서 순환이 일어난다.

　　느슨하게 닫힌 상태로 내부 순환이 오랜 시간 반복되면 숲은 안정
을 이룬다. 땅속에서는 균근 네트워크가 자리 잡고, 지상에서는 어
머니 나무를 중심으로 다양한 나무들이 번성한다. 동식물과 곤충,
토양 미생물도 다양해지면서 서로 균형을 이룬다. 이렇게 순환을 거
듭하고 있는 오래된 숲은 공기와 흙 속에 많은 감로정을 품는데, 이

**1**
느슨하게 닫힌
숲의 지붕

**2**
숲의 순환 시스템

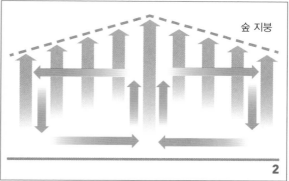

숲 지붕

를 음이온이라 할 수도 있다. '숲 치유'란 공기와 흙, 동식물, 미생물을 통해 인간이 감로정을 보충하는 과정이다.

## 서해안 소금이 좋은 이유

인산의학의 창시자인 인산 선생은 죽염을 만들 때는 꼭 서해안 소금을 써야 한다고 했다. 그의 말이다.

"왜 꼭 서해안 천일염을 써야 하느냐? 감로정이거든. 같은 물이라도 서해 바닷물, 동해 바닷물이 아주 다르다. 서해 연안엔 감로정이 많다. 강물이 천 리를 흘러 내려올 적에 감로정 기운이 같이 내려오거든."[1]

인산 선생이 서해안에서 본 것은 무엇일까?

남한강과 북한강, 임진강, 예성강의 넓은 유역에 내린 빗물의 마지막 출구는 강화도를 중심으로 한 경기만이다. 서해 바닷물은 햇볕에 의해 증발하고, 이것이 구름이 되어 편서풍을 타고 경기, 강원 영서, 충북 권역에 비를 뿌린 후, 백두대간에 가로막혀서 가벼운 것은

서해안과
한강 유역의
물 순환 시스템

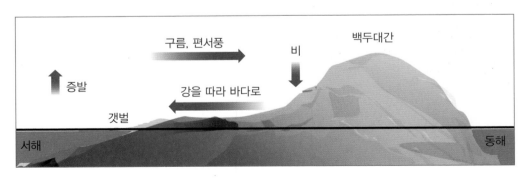

동해로 넘어가고 무거운 것은 빗물과 함께 떨어진다. 백두대간은 콘크리트 벽이 아니라 느슨하게 차단된 벽이다.

빗물은 한반도의 독특한 생태환경과 동식물, 미생물, 땅을 거쳐 다시 서해로 흘러 들어간다. 이것이 '서해-구름-편서풍-백두대간-비-한반도 생태환경-강-서해'로 이어지는 느슨하게 닫힌 순환 시스템이다.

서해는 한반도와 중국에 삼면이 막혀 있고, 동해는 태평양으로 열려 있다. 즉 서해는 느슨하게 닫힌 바다이고, 동해는 열린 바다이다. 느슨하게 닫혀야만 그 안에서 순환이 일어날 수 있다고 했다. 완전히 닫혀서도 안 되고, 완전히 열려서도 안 된다. 그러기에 서해안에 세계적인 갯벌이 형성된 것이다. 서해에서 이런 순환이 오랜 시간 반복되면서, 몸에 좋은 감로정이 바닷물 속에 농축된다. 이 감로정을 먹고 자란 생물은 끝맛이 달고 사람에게 매우 유익하다.


## 생명의 메커니즘, 순환과 반복


고인 물은 썩는다고 했지만, 고인 물에도 수생식물을 넣으면 물이 썩지 않는다. 물과 식물 사이에 끊임없는 순환이 이루어지면서 더 이상 고인 물이 아니기 때문이다. 황토가 건강에 좋다는 것도 사람이 호흡하듯이 황토가 수분을 머금었다 뱉었다 하기 때문이다. 순환의 반복이다.

'순환'은 생명력을 낳고 '반복'은 감로정을 만든다. 순환이 오래도록 반복되는 대표적인 곳이 늪지대다. 늪은 물을 강하게 머금어서

가뭄에도 수분이 쉽게 증발하지 않는다. 일부 수분만 증발하고 다시 보충된다. 지구의 중력에 의해 수분과 공기가 지구를 벗어나지 못하듯, 늪의 끌어당기는 힘에 의해 늪 표면은 느슨하게 닫혀 있는 것이다. 우포늪은 1억 4천만 년 동안 느슨하게 닫힌 채 순환을 반복하면서 감로정을 형성했다. 우포늪에 축적된 약성은 생태 치유에 큰 힘이 된다.

갯벌도 마찬가지다. 갯벌은 바닷물이 다 빠져나간 썰물 때에도 완전히 마르지 않고 물을 머금고 있는데, 서해안 갯벌은 이런 과정을 8000년 이상 반복하고 있다. 인산 선생이 서해안 소금으로 죽염을 만들라고 한 것이 이 때문이다.

오랜 시간 순환을 반복해서 감로정이 많아지면, 풍부하고 다양한 미생물이 살아간다. 분지에서 재배한 사과가 맛있는 것도 같은 이유다. 김칫독의 묵은지, 오래된 숲, 우포늪, 서해안 갯벌의 공통점은 느슨하게 닫힌 채 오랜 시간 순환을 반복하면서 감로정을 농축했다는 것이다.

# 2 잔디, 토끼풀, 이끼의 힘

## 지피식물과 느슨하게 닫힌 시스템

　지피식물地被植物이란 지표를 낮게 뒤덮는 식물을 말한다. 잔디류, 토끼풀, 자운영, 알팔파 등의 초본(풀)이나 이끼류가 대표적이다. 지피식물은 토양이 바람과 물에 침식되는 것을 막고, 잡초 성장을 억제하며, 작물에 중요한 토양 유기물을 제공하고, 다양한 미생물의 집이 되어준다.

　지피식물이 지표를 보호하기에, 자연 상태에서는 지표가 노출될 일이 많지 않다. 그런데 어떤 이유로 지피식물이 사라지면 수분이 증발해 메마른 땅이 되고, 영양분을 머금지 못해 척박해지고, 토양 생태계가 파괴되어 식물이 자라기 어렵다.

　건강한 땅은 지피식물을 경계로 느슨하게 닫힌 순환 시스템이 형성된다. 땅의 표면은 꽉 닫혀 있지 않다. 햇볕이 투과하고, 비가 스며들고, 수분이 증발한다. 식물은 지상부에서 광합성한 영양분을 땅

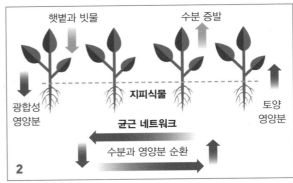

속에 저장하고, 토양의 영양분 일부를 지상으로 끌어올려 사용하기도 한다. 지표면 아래의 뿌리와 균근 네트워크에서는 수분과 영양분의 순환이 이루어진다.

땅속에서 순환이 반복되면 균근은 감로정, 즉 끈적끈적한 천연 접착제인 글로말린glomalin을 분비한다. 글로말린은 토양의 입자를 포도알처럼 몽실몽실 뭉치게 하는데, 이를 떼알구조라고 한다. 떼알구조가 중요한 것은 그 사이에 빈틈이 생기기 때문이다. 그 빈틈으로 물이 흡수되고 산소가 적절히 드나든다. 지렁이가 땅을 파고 다니며 땅속에 터널을 만드는 것과 비슷하다. 감로정이 생겨 토양 생태계가 건강해지면 한 줌 흙 속에 수십억 마리의 미생물이 살게 된다.

## 사라진 새벽안개와 아지랑이

만약 지피식물이 없다면 어떤 일이 일어날까? 지표가 완전히 열리게 되면서 물과 영양분이 보전되지 못하고 균근 네트워크도 제대로 형성되지 못한다. 당연히 순환이 일어나지 않아 감로정이 생기지 않는다. 사람으로 치자면 땀을 너무 흘려서 피부가 건조해지고 몸이 말라가는 것과 비슷하다.

반대로 아스팔트나 콘크리트를 덮어 지표가 완전히 닫히게 되면, 이 역시 순환이 일어나지 못한다. 사람으로 치면 피부가 두꺼워지면서 붓고 땀구멍이 막혀 열을 배설하지 못해 피부병이 생기는 것과 유사하다.

시골에서는 봄가을에 새벽안개와 아지랑이를 볼 수 있다. 느슨하게 닫혀 있는 땅이 습기를 지상으로 올려보내거나 땅속으로 흡수해서 온도와 습도를 조절하기에 볼 수 있는 현상이다. 흙을 전혀 볼 수 없는 대도시에서는 새벽안개와 아지랑이를 볼 수 없다. 아스팔트와 콘크리트로 지표가 완전히 닫혀버렸기 때문이다. 지표의 온도 조절

**1**
지피식물이 사라져서
완전히 열린 지표
NishantAChavanⓌ

**2**
느슨하게 닫힌
숲속의 새벽안개

기능이 차단되었기에 한여름 아스팔트는 불타는 듯 뜨겁고 한겨울 콘크리트는 얼음장이다. 도시엔 새벽안개와 아지랑이 대신 스모그만 가득하다.

## 봄에 땅을 가는 게 당연한 일일까?

필자는 어린 시절 시골에서 자랐다. 봄이 오면 논두렁에 불을 놓고, 소에 쟁기를 걸어 논밭을 갈았다. 1980년대로 접어들면서 쟁기 대신 경운기가 등장했다. 우리 모두 농사를 지으려면 당연히 땅을 갈아야 한다고 믿었다. 그런데, 자연농법의 창시자 후쿠오카 마사노부福岡正信 선생은 1950년대부터 무경운 농법을 주장했다. 땅을 갈아야 한다는 주장과 땅을 갈지 말아야 한다는 주장은 각각 어떤 배경을 갖고 있는지 알아보자.

땅을 가는 이유는 3가지로 정리된다. 첫째, 토양을 부드럽게 하고 땅속 깊은 곳까지 산소를 유입시켜 작물의 뿌리가 잘 자라게 하려는 것이다. 둘째, 깊은 곳의 단단한 흙과 암석을 지표로 끌어올려 으깨서, 작물이 흙과 암석의 미네랄을 쉽게 흡수하도록 하는 것이다. 셋째, 지표층에 있던 잡초 종자를 땅속 깊이 파묻어서 잡초가 잘 자라지 못하게 하려는 것이다.

매우 합리적인 이유인 듯 보인다. 실제로 땅을 갈면 작물의 성장이 빨라지고 수확량이 증가한다. 문제는 그 효과가 오래 가지 않는다는 것이다.[2] 땅을 갈면 결과적으로 외부의 잡초가 더 많이 침범하기 때문에 제초제 양을 늘려야 한다. 그런데 땅을 갈면 안 된다는 주장에는 이보다 더 근본적인 이유가 있다.


## 무경운 농법과 지구온난화의 관계


땅을 갈면 어쩔 수 없이 지피식물과 균근 네트워크가 파괴된다. 지피식물을 경계로 하는 '느슨하게 닫힌 순환 시스템'이 파괴된다는 뜻이다. 땅이 뒤집어지면서 토양 내부가 산소에 완전히 노출되면, 특정 기회성 세균이 증식해서 글로말린을 갉아먹고 떼알구조 사이의 빈틈을 메꿔 버린다.

그 결과, 토양 내부가 산소를 머금을 수 없어 토양 미생물 생태계가 교란되고 $CO_2$와 $CH_4$, $N_2O$ 등 온실가스가 대기 중으로 방출된다. 이보다 더 실제적인 문제는 균근 네트워크가 끊어지면서 토양의 수분과 유기탄소, 질소, 인, 칼륨, 다양한 미네랄이 유실되어, 작물이 허약해진다는 것이다.[3] 결국 합성비료와 농약 없이는 농사를 지을 수 없게 된다.

땅을 갈지 않는 무경운 농법은 최근 기후 온난화와 연결되어 주목받고 있다. 균근 네트워크는 지구의 거대한 탄소 저장고로, 그 능력은 온실가스와 지구온난화 해결에 매우 중요한 열쇠다. 7억 년 전 육지 식물이 없을 때는 지구 대기 중 $CO_2$ 농도가 매우 높았는데, 식물과 균근이 육지로 올라오면서 대기 중 $CO_2$ 농도가 1/10로 줄어들고 대기 중 산소 농도가 높아졌다. 자연스럽게 지구 온도가 내려간 것이다.

지금도 식물과 균근 네트워크는 연간 131억 2천만 톤의 대기 중

CO₂를 땅속으로 끌어내려 저장하고 있다. 2021년 화석연료로 인한 CO₂ 배출 총량이 363억 톤인데, 그 총량의 1/3 이상이 땅속의 균근 네트워크에 저장되는 셈이다. 지구온난화의 해결책 중 하나는 땅속 균근 네트워크를 되살리는 것이다.[4]

땅을 갈지 않는 '무경운 농법'을 실행하면 지피식물과 균근 네트워크가 보전되고 토양 내부에서 순환이 이루어진다. 감로정인 글로말린이 형성되고 토양 미생물 생태계가 안정된다. 작물의 면역력이 강해지니 합성비료와 농약을 덜 써도 된다. 글로말린의 역할이 알려진 후, 미국의 경작지 50% 이상이 무경운 농법으로 전환했다고 한다.

# 3

# 집도 인체도
# 느슨하게 닫혀야

## 주거지는 삼면이 막혀야 한다

새는 둥지에서 살고, 곰은 동굴에서 살고, 원숭이는 나무 위에서 산다. 동물에게는 각자 집이 있다. 사방이 열린 곳에서는 충분한 수면과 휴식을 취할 수 없기 때문이다. 사람도 마찬가지다.

산에서 노숙을 하거나 넓은 거실에서 잠을 자보면 좀처럼 숙면하기 어렵다. 공기의 대류가 심하고 온도와 습도가 변하고 빛의 밝기도 시시각각 변하기 때문이다. 우리가 자는 동안에도 감각은 깨어 있는데, 변하는 환경에 경계 모드가 되다 보니 교감신경이 항진된다. 좁은 공간이라야 감각기관이 휴식을 취하고 부교감신경이 활성화되어 숙면할 수 있다. 즉 집은 적절히 닫힌 공간이어야 한다.

선사시대 인류는 동굴에서 살았는데, 온도와 습도가 일정하고 삼면이 막혀 방어에 유리했기 때문이다. 그러다 농경이 발달하면서 나무와 풀, 볏짚으로 움집을 짓게 되었다. 이후 우리나라에서는 통나무집, 초가집, 기와집으로 발전했다. 집은 벽과 지붕, 바닥, 문, 창문으로 이루어져 있는데 기본적으로 삼면이 막혀 있다. 전통 가옥의 벽과 지붕은 황토, 흙, 나

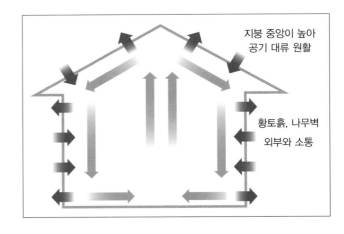

지붕 중앙이 높아
공기 대류 원활

황토흙, 나무벽
외부와 소통

전통 가옥은
느슨하게 닫힌
순환 시스템

무, 짚, 기와 등 자연 소재로 만들어졌다. 흙과 나무를 이용해 내부와 외부가 느슨하게 소통되는, 다시 말해 느슨하게 닫힌 순환 시스템이 구현되는 것이다.

외부가 느슨하게 닫히면 내부에서 순환이 일어난다. 황토방에서 자면 깊은 잠을 자게 되고 몸이 가뿐하고 소화도 잘된다. 느슨하게 닫힌 공간에서는 사람들의 피부와 장기도 같은 시스템으로 움직이기 때문이다.


## 인체도 느슨하게 닫혀야 건강하다

인체도 땀구멍과 이목구비, 항문, 요도가 느슨하게 닫혀야 내부에서 순환이 일어나서 건강할 수 있다. 그런데 병들면 구멍이 꽉 닫히거나 완전히 열리게 된다. 예를 들어보자.

꽉 닫힌 아토피 부위는 코끼리 피부처럼 두꺼워져 땀이 나지 않아서 몸속에 열이 쌓인다. 이목구비도 꽉 닫히면 열이 나면서 병든다.

반대로 전신의 구멍이 열려 버리면 땀이 줄줄 흐르거나 대소변이 줄줄 새면서 몸이 말라 들어간다.

눈물샘에서 눈물을 분비하는데, 안구 속 방수(각막과 수정체 사이에 있는 맑은 액체)가 적절하게 만들어지고 배출되어야 건강하다. 꽉 닫히면 안압이 올라가고 너무 열려도 병이 된다. 코와 귀, 관절, 오장육부도 그렇다. 세포 하나하나도 다양한 채널을 통해 외부와 소통하는데, 채널이 닫히거나 너무 열려 버리면 병이 생긴다.

『동의보감』도 인체의 피부와 막에는 외부와 소통하는 구멍이 있는데, 이 구멍이 닫히면 병이 된다고 했다. 이 구멍이 너무 열린 것을 '허虛하다'라고 하고, 너무 닫힌 것을 '실實하다'라고 한다. 너무 열리면 몸속의 진액과 정액, 기혈이 모두 빠져나가 말라 죽는다. 꽉 닫히면 열이 나고 부으며 압력이 올라간다. 이 구멍이 적절히 열리고 닫히도록, 즉 느슨하게 닫히도록 하는 것이 치료의 핵심이다. 그러면 내부에서 순환이 일어나 감로정, 즉 진액과 정액, 기혈이 농축된다.

## 완전히 닫히거나 완전히 열리면

인체의 소화를 담당하는 위장관도 느슨하게 닫혀 있다. 위장관은 점막을 통해 소화효소, 장액 등을 분비하고, 소장의 융모를 통해 영양분을 흡수하며, 대장에서 소량의 비타민과 수분을 흡수한다. 즉 장의 점막을 통해 흡수하고 분비하는데, 장 점막을 덮고 있는 것이 바로 장내세균총이다. 따라서 위장관은 장내세균총을 경계로 느슨하게 닫혀 있다고 할 수 있다. 지표가 지피식물을 경계

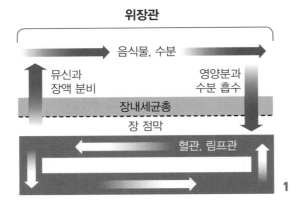

위장관

음식물, 수분

뮤신과 장액 분비 | 영양분과 수분 흡수

장내세균총

장 점막

혈관, 림프관

1

느슨하게 닫혀
포도당 통과    꽉 닫혀
포도당 거부

정상인    제2형 당뇨병 환자

로 느슨하게 닫혀 있는 것과 마찬가지다.

어떤 이유로 이 시스템이 꽉 닫히거나 완전히 열리면 문제가 생긴다. 사람의 장내세균총이 교란되면 $CH_4$, $CO_2$, $H_2S$가 대기 중으로 방출되듯이, 지피식물이 손상되면 $CH_4$, $CO_2$, $N_2O$의 온실가스가 대기 중으로 방출된다. 자연이나 사람이나 건강한 상태에서는 느슨하게 닫힌 순환 시스템을 유지한다. 문제는 현대 문명이 이 시스템을 근본적으로 파괴했다는 것이다.

제2형 당뇨병도 순환의 관점에서 볼 수 있다. 2020년 국내 당뇨병 환자가 570만 명을 넘어섰는데, 대부분이 제2형 당뇨병 환자이다. 알다시피 제2형 당뇨병은 '인슐린 저항성' 때문에 생긴다.

정상인은 혈액 내의 포도당이 증가하면 인슐린에 반응해서 간과 지방, 근육의 세포막에서 혈액의 포도당을 흡수한다. 그런데 당뇨병 환자는 인슐린이 분비되어도 간과 지방, 근육의 세포막이 꽉 닫혀서 혈액의 포도당을 흡수하지 못하는 것이다.

## 마크로비오틱과 순환 시스템

마크로비오틱은 'macro(크다, 길다)'와 'biotic(생명의)'의 합성어로, 그 어원은 고대 그리스의 히포크라테스까지 닿는다. 이를 현대의 식문화와 연결시켜 하나의 사상으로 발전시킨 사람이 일본의 사쿠라자와 유키카즈(서양에는 '조지 오사와'로 알려져 있다)이다. 이후 마크로비오틱은 대중들에게 장수식으로 유명해졌다(영문 발음은 '매크로바이오틱스'이지만, 우리나라에서는 일본식 표현인 '마크로비오틱'으로 통용된다). 지금부터 마크로비오틱의 3가지 핵심 개념에 대해 알아보자.

첫째는 신토불이身土不二이다.

이는 내가 사는 곳에서 자란 먹거리를 먹어야 건강하다는 믿음을 넘어선 개념이다. 인간이 자연의 일부이고, 우리의 몸은 자연환경과 유기적으로 연결되어 있어서 분리할 수 없다는 것이다. 인간은 자연환경이라는 느슨하게 닫힌 순환 시스템에 참여하고 있는 일원이다. 그 시스템 속에서 흙, 식물, 동물, 곤충, 미생물과 교류하면서 살아간다. 자연환경이 건강하면 흙, 먹거리, 인체 내에 저절로 감로정이 생긴다.

둘째는 음양조화陰陽調和이다.

동양사상에 근거한 개념으로 한쪽으로 치우치지 않게 균형을 잡아서 건강을 유지한다는 것이다. 마크로비오틱에서는 먹거리뿐 아

---

## 통째, 껍질째 조리한 음식

연근의 껍질을 벗기지 않고 통째 조리하면 감칠맛이 강하고 식감이 매우 아삭하다. 껍질을 벗기고 얇게 썰어서 조리한 연근과는 확연히 다르다. 모든 생명체의 껍질은 느슨하게 닫혀 있기에, 통째 조리하면 내부에서 순환이 일어난다. 내부의 순환은 생명력을 낳고 순환의 반복은 감로정을 만든다. 그래서 특유의 감칠맛이 나는 것이다.

껍질이 없는 백미와 달리, 속껍질이 있는 현미는 밥을 지을 때 느슨하게 닫힌 순환 시스템이 작동한다. 옥수수를 껍질째 찔 때도 같은 일이 일어난다. 껍질이 파괴되면 내부의 진액이 순환하지 못하고 새어버리기에 감로정이 농축되지 못한다. 감칠맛이 사라지고 사람의 진액과 정액을 보충하는 힘도 약해진다.

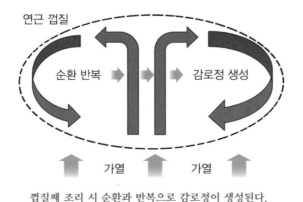

껍질째 조리 시 순환과 반복으로 감로정이 생성된다.

---

니라 환경의 음양조화를 강조한다. 낮과 밤, 여름과 겨울의 음양이 다르듯, 해변, 동굴, 고산이 다르고 소나무숲, 잣나무숲, 단풍나무숲이 달라서 인체에 다른 영향을 미친다. 그 자연환경에 산다는 것은 그 속의 미생물을 받아들이고 교류하는 것을 의미한다. 내가 먹은 것이 나이고, 내가 접한 환경이 바로 나인 셈이다.

셋째는 일물전체一物全體이다.

이것이 우리가 흔히 알고 있는 음식물을 전체로(통으로) 먹어야 한다는 개념이다. 현미를 비롯한 통곡물whole grain이 대표적 사례다. 껍질을 벗기지 않은 채소와 과일은 영양소를 골고루 섭취할 수 있어 피를 맑게 한다.

# 4  시스템이 닫히면
인체도 닫힌다

## 도시의 일상은 폐쇄 시스템

책을 읽어가는 독자들로서는 필자가 왜 이렇게 '느슨하게 닫힌 순환 시스템'을 강조하는지 의아할 수 있다. 생명의 핵심인 이 시스템이 너무 빠른 속도로 파괴되고 있기 때문이다. 최근 반세기 도시화와 산업화가 급격히 진행되었다. 인간이 적응하기에는 속도가 너무 빨랐다. 현재 자가면역 질환, 알레르기 질환, 제2형 당뇨병, 비만, 정신질환 등 비감염성 병들이 폭증하고 있다.

이 모든 것이 외부와의 교류가 차단되었기 때문이다. 유해균 침범을 차단해 감염성 질병이 줄어들었지만, 외부 미생물과의 교류가 차단되어 인체 공생 미생물이 교란됨으로써 비감염성 질병이 늘어난 것이다.

현대 도시인의 의식주는 대부분 꽉 닫힌 시스템이다. 피부에 닿는 옷과 이불은 천연 소재에서 인공 합성 소재로 바뀌어 피부 순환이 막혔다. 신발도 전도체에서 절연체로 바뀌어 땅과의 연결이 끊어졌다. 먹거리도 자연이 아니다. 농약과 제초제, 합성비료, 비닐하우스 등이 개입하지 않은 먹거리를 찾기 어렵다. 마트에는 GMO 식품과 MSG가 가미된 가공식품이 넘쳐난다.

게다가 병이 들어도 자연의 먹거리와 약초를 통한 치료가 아닌, 성분 위주의 화학적 치료나 물리학적 치료를 받고 있다. 모두 꽉 닫힌 폐쇄 시스템이다. 인류가 수백만 년 동안 접했던 느슨하게 닫힌 순환 시스템이 급격히 사라지고 있다. 모든 먹거리가 너무 위생적이다 보니 생물다양성에도 문제가 생겼다.

## 인간은 어떻게 시스템을 파괴했나

자연 상태에서 숲은 무성하게 자라고, 땅속 미생물은 번성하며, 식물은 열심히 광합성을 한다. 갯벌은 하루 2번씩 성실하게 조수 간만 현상을 이어간다. 그런데 사람이 자연의 순환 시스템을 교란하면서 문제가 발생했다. 백두대간에 터널이 뚫리면서 느슨하게 닫힌 시스템이 열려 버렸고, 한강의 댐과 건축물로 인해 내부 순환이 막혔다. 토양과 수질, 대기가 오염되어 감로정이 농축되지 못하고 서해안 갯벌은 매립되고 있다.

숲은 전체로서 기능한다고 했다. 과도한 벌목으로 숲의 일부가 파괴되어 지붕이 뚫리면 수분이 증발하고 과도한 햇볕이 숲의 바닥으로 들어와 균근 네트워크와 생태계가 교란된다. 내부 순환 시스템이 깨져 감로정, 즉 음이온이 감소한다.

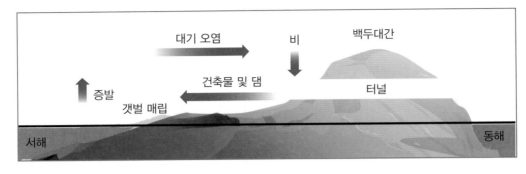

대기 오염 → ↓비 백두대간

증발 ↑ 건축물 및 댐 ← 터널

갯벌 매립

서해 동해

한강 유역의
순환 시스템 교란

지피식물이 덮고 있던 지표를 콘크리트와 철근, 아스팔트, 고무, 인공섬유로 덮어버리면 토양 내부의 순환이 막힌다. 도시에서 건축물 비중이 높은 구역일수록 토양 미생물의 다양성이 감소하고, 병원균과 항생제 내성균, 메탄영양세균이 증가한다. $CO_2$, $CH_4$, $N_2O$ 등 온실가스 역시 많이 방출된다. 이런 환경에서 사는 인간은 피부와 장내의 유익균이 감소하면서 천식 등 알레르기 질환과 감염병이 증가하게 된다.


## 아파트에 산다는 것

아파트는 기본적으로 위아래, 양옆에 다른 집이 붙어 있는 닫힌 구조다. 게다가 벽과 지붕, 바닥은 콘크리트이고, 문은 철제이며, 창문은 샷시여서 더욱 꽉 닫혀버렸다. 그리고 각종 전기제품의 등장으로 외부의 온도, 습도와 관계없이 인간의 의지대로 집안 내부 상태를 조절할 수 있다. 편리함을 얻은 대신 자연의 순환 시스템에서 완전히 분리되어 버렸다.

하나의 느슨하게 닫힌 순환 시스템이 교란되면 그 시스템에 참여하는 생명체의 시스템 또한 교란된다. 따라서 아파트에 사는 사람의 피부와 오장육부도 꽉 닫히게 된다. 피부가 닫히면서 두통이나 발진, 천식, 코막힘, 아토피성 피부염 등이 생기고, 장내세균총도 영향을 받아 위장 질환, 염증성 질환, 알레르기 질환, 자가면역 질환이 증가한다. 인체 내의 감로정 생산도 줄어든다.

이런 영향은 집에서 키우는 식물과 반려동물, 심지어 그 집에서 담근 장의 미생물에까지 미친다. 장맛이 변하면 집안에 우환이 생긴다는 말이 괜히 나온 것이 아니다.

## 치유는 더 큰 시스템 안에서

현대 문명사회의 순환 시스템이 교란되었음을 인정한다고 해도, 어디서부터 어떻게 잘못되었는지를 찾기는 쉽지 않다. 현대 문명 자체가 세분화와 전문화를 추구하기 때문이다. 의학, 농업, 화학, 생물학, 미생물학, 기후학 등, 각 분야의 전문가가 전문 지식을 활용해 순환 시스템의 교란을 분석한다면, 그 원인과 처방이 제각각일 수밖에 없다. 이러한 '성분론적 접근'은 또 다른 교란을 야기할 수 있으므로 매우 신중해야 한다.

우리는 보통 문제의 원인을 시스템 안에서 찾지만, 지금은 더 큰 층차의 순환 시스템을 확인해야 할 때이다. 소화가 안 될 때도 위산 저하인지, 위궤양인지, 헬리코박터가 있는지만 따질 것이 아니라, 오염된 공간에 있었는지, 추운 곳에서 식사했는지, 식재료에 문제가 있었는지, 식사 시간에 스트레스를 받았는지 등을 확인해야 한다.

하나의 순환 시스템이 교란되었을 때 그보다 더 큰 순환 시스템에 들어가면, 교란이 치유된다. 순환 시스템은 자체 시스템뿐 아니라 하위 시스템을 유지하고 치유하는 능력이 있기 때문이다. 이것이 '성분론적 접근'의 반대말인 '환경론적 접근'이다.

사람이 병들었을 때, 숲이나 고산, 바다, 동굴에 가서 거대한 자연의 순환 시스템과 동화되면 인체 내부가 순환을 시작하면서 치유력이 회복된다. 이것이 숲 치유를 비롯한 공간 치유 방식이다. 집, 반려 동식물, 텃밭이나 정원, 일하는 공간, 거주 지역, 거주 국가 등 다양한 층차의 느슨하게 닫힌 순환 시스템이 중첩될수록, 인체의 외부는 느슨하게 닫히고 인체의 내부는 순환하게 된다.

# 5

# 장수마을,
# 블루존은 어디에

## 산의 서쪽과 바다의 서쪽

건강하게 오래 사는 것은 모든 사람의 꿈이다. 전세계 장수마을을 연구해 온 댄 뷰트너Dan Buettner는 장수마을을 블루존blue zone이라 명명했다. 어떤 지역에 사는 것만으로도 장수할 수 있다는 것은 진실일까?

『동의보감』은 '고지대 사람은 장수하고 저지대 사람은 수명이 짧다'라고 기술하고 있다. 실제로 카슈미르의 훈자, 러시아의 카프카스, 에쿠아도르의 빌카밤바, 이탈리아의 누오로, 일본 나가노현 같은 장수마을들은 고산 지대에 위치한다. 또한 일본의 오키나와, 이탈리아의 아키아롤리, 그리스의 이카리아섬, 전남 순창군, 제주도처럼 서쪽 해안에도 장수마을이 많다.

파키스탄의 훈자Hunza 마을은 울 타르 사르 산의 남서쪽 사면, 해발 2,500미터에 위치한다. 장수로 유명한 압하지아 공화국과 트빌

리시 동북부도 카프카스산맥의 남서쪽 사면에 위치한다. 안데스산맥의 북서쪽 사면 1,500미터에 위치한 빌카밤바Vilcabamba 마을은 남성이 더 장수하는 것으로 유명하다. 이탈리아 사르데냐섬의 누오로Nuoro 마을은 오르토베네 산의 서쪽 사면으로 이 지역도 남성 장수자가 많다.

일본의 나가노현長野県은 해발 2,000~3,000미터의 고산으로 둘러싸여 '일본의 지붕'이라고 불린다. 그중 해발 700미터에 위치한 사쿠시佐久市가 장수마을로 가장 유명한데, 관동산지의 북서쪽 사면에 위치한다.

한편 일본의 오키나와현沖縄県은 일본에서 장수하는 여자가 가장 많은 곳인데 따뜻한 해안에 위치한다. 이탈리아 서남부 해안의 아키아롤리Acciaroli는 2016년 기준 700명의 주민 중 81명이 100세 이상이었다. 에게해의 작은 섬 이카리아Icaria는 인구의 1/3이 90세 넘게 장수하고 암과 치매가 거의 없다. 미국에서 폐암 말기 선고를 받고 고향인 이카리아섬으로 돌아간 사람이 그곳에서 40년을 더 살다가 104세에 사망한 일을 계기로 세계적인 주목을 받았다.

**1**
파키스탄 훈자 마을
(이하 파란 선은 산맥, 화살표는 마을의 방향)

**2**
그루지야의 압하지아 자치공화국

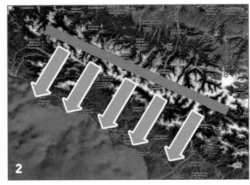

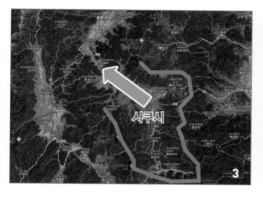 

**3**
관동산지의
북서쪽 사면에
위치한 일본 사쿠시

**4**
서남부 해안에
위치한 이탈리아
아키아롤리

## 우리나라의 장수마을

2001년 서울대 이정재 교수팀은 국내 장수마을을 조사했다. 1990년대에는 경상도와 전라도, 제주도 해안, 평야 지대에 장수마을이 많았고, 2000년대 들어서는 해발 200~600미터의 산간 지대에 장수마을이 증가하고 있는 것으로 밝혀졌다. 연구 결과, 고도가 높으면서 기온이 따뜻할수록 장수 인구의 비율이 높았다. 즉 남부 고산지역이 장수의 최적지로 판단되었다.

2002년 서울대 의대 노화·고령사회연구소 박상철 교수팀이 찾아낸 한국의 대표적인 장수촌은 구례, 곡성, 순천, 담양으로 모두 호남에 위치한다.

2022년 통계청 조사에 따르면, 10만 명당 100세 이상 인구가 가장 많은 곳은 호남의 무주, 보성, 고흥, 고창이었다. 전국 1위는 전북 무주군이었다. 호남은 백두대간의 서쪽인데, 특히 무주는 남부의 고산지역으로 백두대간의 서쪽 사면에 위치한다. 조사를 통해 남성

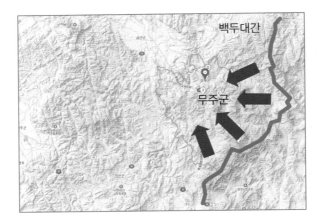

백두대간
서쪽 사면의
고산지역, 무주

| 1위 | 전북 무주군 73.2명 | | 6위 | 인천 옹진군 52.8명 |
|---|---|---|---|---|
| 2위 | 전남 보성군 70.2명 | | 7위 | 전북 장수군 51.2명 |
| 3위 | 전남 고흥군 57.9명 | | 8위 | 경남 의령군 49.7명 |
| 4위 | 전북 고창군 56.8명 | | 9위 | 전남 담양군 49.7명 |
| 5위 | 경북 영양군 53.4명 | | 10위 | 충북 영동군 49.3명 |

2022년 인구 10만 명당 100세 이상 기준          자료: 통계청

2022년 전국
장수마을 순위

장수자는 강원도 산간 마을에, 여성 장수자는 전남 해안과 제주도에
많다는 사실이 밝혀졌다.


## 장수마을과 느슨하게 닫힌 순환 시스템


앞에서 언급된 장수마을을 분석해 보면, 고산의 장
수마을은 북반구에서는 대부분 산의 남서쪽 사면에 있고, 남반구에
서는 산의 북서쪽 사면에 있다. 모두 산맥의 서쪽 사면이다. 바닷가
의 장수마을 또한 해당 지역의 서해안에 많다.

필자는 이런 현상이 편서풍, 그리고 저녁 햇볕과 관계있다고 생각한다. 편서풍이 부는 지역의 서해안과 산맥의 서쪽 사면에서는 느슨하게 닫힌 순환 시스템이 형성된다. 그 속에서 인체 외부는 느슨하게 닫히고 인체 내부에서는 순환이 반복되면서 감로정이 생긴다. 전 세계적으로 남성 장수자는 산간 마을에 많고, 여성 장수자는 해안가에 많다. 고산과 바닷가의 공통점은 생태환경이 인체의 습기를 조절한다는 것이다. 지나친 습기는 몰아내고, 부족한 진액은 갈무리해 줌으로써 장수의 환경을 만든다.

장수마을에 살면 몸에서는 어떤 변화가 일어날까? 대도시인 일본 교토시京都市와 그 북쪽에 위치한 장수마을 교탄고시京丹後市를 비교해 보자.

일본 전체로 보면 인구 10만 명당 100세 이상 노인이 평균 48명인데, 교토시는 73명, 교탄고시는 133명이나 된다. 두 지역 노인의 장내세균총도 조사해 보았다. 교토시 노인에 비해, 교탄고시 노인은 라크노스피라시에Lachnospiraceae과의 4개 속屬 균의 비중이 훨씬 높았다. 이 4개 속의 균이 바로 부티르산균이며, 면역력을 높이는 조절 T세포 생성을 유도한다.[5]

**장수마을의 분포**

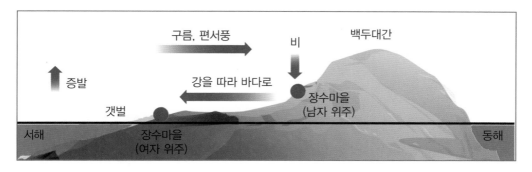

인체는 외부의 나쁜 미생물이
침범하는 것을 막기 위해, 주요
침입 경로인 입, 질, 항문의 산도
pH를 낮춰서 방어한다. 입으로
들어온 것은 위산을 분비해서 막
아내고, 질에서는 질유산균이 젖
산을 분비해서 방어하며, 대장에
서는 장내세균들이 부티르산을

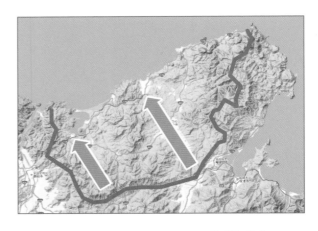

북서쪽 사면
해안에 위치한
일본 교탄고시

분비해서 인체를 지킨다. 따라서 부티르산균은 건강과 장수에 매우
중요한 역할을 한다.

교탄고시는 교탄 반도의 북서쪽 사면에 위치한 북서쪽 해안이다.
따라서 느슨하게 닫힌 순환 시스템이 형성되고, 인체 내부에서 순환
이 반복되면서 감로정이 만들어진다. 이 감로정이 장내세균총을 균
형 잡히게 만들고 부티르산균을 늘려서 장수에 도움이 된 것이다.

# 6

천연 vs 합성,
담 vs 부담

## 천연과 합성의 차이, 4가지 관점

2013년 하버드대 공공보건대학원 연구팀은 12년간의 연구 끝에 종합비타민과 미네랄 제품은 심장 질환과 암 발생률, 기억력 저하를 막는 데 효과가 없다고 발표했다. 음식 속의 천연비타민은 체내 흡수율이 70%인데, 합성비타민은 10%밖에 되지 않는다. 이런 차이는 어디에서 생기는 걸까? 지금부터 화학적, 물리학적, 생물학적, 환경론적 관점에서 천연과 합성의 차이점을 살펴보자.

첫째, 천연과 합성은 화학적으로 다르다.

과일과 채소 속의 천연비타민은 다른 성분과 유기적으로 관계를 맺으며 섞여 있다. 그런데 합성비타민을 만들면서 다른 성분과의 유기적인 관계까지 복제할 수 없다. 다른 성분들이 생략되어 버린다. 한약재 '황련'은 헬리코박터 파일로리와 췌장암 세포를 억제하는 효능이 있다. 그런데 황련의 주성분인 베르베린berberine만 추출해서 복용했을 때보다 황련을 그대로 달여서 복용했을 때 효과가 더 우수했다.[6, 7] 여러 성분이 유기적으로 작용하는 것과 단일 성분만 작용하는 것은 효과가 다를 수밖에 없다.

둘째, 천연과 합성은 물리학적으로 다르다.

한국 국립암센터 명승권 교수는 천연비타민과 합성비타민은 화학구조식은 같지만 입체적 구조가 다르기에, 효과가 다를 수 있다고 밝혔다. 성분이 같더라도 성분 간의 결합 방식, 즉 입체적 구조가 다르면 완전히 다른 물질이 된다.

셋째, 천연과 합성은 생물학적으로 다르다. 천연 식재료에는 내생균endophyte이 살아 있다. 식품 내부에 있기에 씻겨 나가지 않고, 식이섬유 속에 있기에 위산과 담즙산에도 죽지 않고 장으로 들어간다. 기존 영양학에서는 내생균을 무시하고 성분만 가지고 설명했기에, 현실과 괴리가 있다.

넷째, 천연과 합성은 환경론적으로 다르다. 느슨하게 닫힌 순환 시스템에서 자란 천연 식재료는 감로정을 머금고 있다. 그래서 먹으면 입에서 침이 나온다. 이에 비해 합성성분은 꽉 닫힌 폐쇄 시스템에서 화학적으로 추출하거나 합성된 것이다.


## 자연의 먹거리와 인공의 먹거리

천연 식재료를 맛으로 표현하자면 담담한 맛, 구수한 맛, 밥을 오래 씹었을 때 생기는 은은한 단맛이다. 끝맛이 달며 입에 침이 고인다. 한의학에서는 이를 담미淡味라고 한다. 담미의 한자淡를 뜯어보면 물水에 불火이 작용한 것임을 알 수 있다. 그러면 기화되어서 전신을 막힘없이 순환한다. 그래서 담미는 기혈을 순환시키고 소변을 잘 나가게 하며, 기운 나게 한다.

느슨하게 닫힌 순환 시스템에서 만들어진 감로정은 담미를 띠고, 담미를 먹으면 인체의 외부가 느슨하게 닫히면서 내부가 순환해 치유력이 회복된다. 담미는 몸을 근본적으로 보하면서 살찌지 않게 한다. 몸에 좋은 음식은 신맛, 쓴맛, 매운맛, 짠맛이 나면서도 끝맛이 은은하게 달다. 집에서 만든 된장, 간장, 고추장은 느슨하게 닫힌 순환 시스템에서 숙성되었기에, 모두 끝맛이 달다. 이렇게 순환이 반복되어야 담미가 만들어진다. 밥을 꼭꼭 오래 씹어 먹으라는 것에는 이런 이유도 있다.

반면, 인공 식재료는 성분을 추출, 합성한 것으로 생명의 기억이 없고, 공생하는 미생물도 없다. 천연 식재료를 원료로 해서 만든 가공식품이라 해도, 가공 과정에서 생명의 기억과 미생물이 사라져 버리고 성분만 남는다. 인공 식재료나 가공식품을 먹으면 오장육부가 비활성화되어 움직이지 않는다. 맛으로 표현하자면 담미淡味의 반대인 부담不淡이다. 부담은 끝맛이 텁텁하거나 쓰며 입에 침이 고이지 않는다.

초콜릿을 먹어보면 아주 달다가 끝맛은 텁텁하거나 쓰다. 인공조미료가 많이 들어간 음식을 먹어봐도 첫맛은 자극적이라 당기지만 끝맛은 텁텁하다. 텁텁하다는 느낌은 입안과 혀의 진액이 순환되지 않고 정지·마비되었다는 것이다. 즉 침이 안 나온다는 뜻이다. 식당에서 식사를 한 후 물이 당긴다면 정지·마비된 것을 다시 흐르게 하려는 인체의 요구라 할 수 있다. 물은 정지된 것을 흐르게 하는 힘이 있기 때문이다.

정지되고 마비되면 기혈 순환에 장애가 생기고 물살이 찌며, 동맥이 경화되고 소변도 잘 나오지 않는다. 위장의 움직임이 느려져 늘 더부룩하다. 소장과 대장의 연동운동도 느려져서 SIBO가 생기거나 변비가 될 수 있다. '부담'은 인체 외부를 꽉 닫아 버리거나 완전히 열어젖혀서 인체 내부의 순환을 막는다.

## 부담 不淡은 인체에 부담이 된다

담미와 부담의 차이를 생물학적, 환경론적 차이로 설명할 수 있다. 천연식품 속에는 내생균이 있어 며칠만 지나도 썩는다. 가공식품은 유통 기간 내에 썩으면 안 되기에 열처리나 기름에 튀겨서 내생균을 비활성화시킨다. 몇 년이 지나도 안 썩는 가공식품도 흔하다.

입에 음식이 들어가면 구강 미생물이 가장 먼저 반응한다. 음식에 자신과 같은 부류인 미생물이 전혀 없으면 구강 미생물이 긴장한다. 그 결과로 침이 분비되지 않아 입이 텁텁해지는 것이다. 한마디로 미생물이 죽은 음식은 부담하다. 가공식품, 합성 영양제, 정수기를 통과한 물이 모두 부담하다.

사실 마트에 진열된 가공식품 대부분이 부담하다. 정제 밀가루로 만든 과자도, 이스트 단일균으로만 발효시킨 빵도, 기름에 튀긴 음식도, 냉동시켰다가 조리한 음식이나 트랜스지방산으로 조리한 음식도, 합성성분이 들어간 음료수도 부담하다.

더 나아가 비닐하우스나 온실처럼 꽉 닫힌 폐쇄 시스템에서 재배한 작물도 부담하다. GMO 작물도 부담하다. 현대인은 합성성분이나 GMO를 피하고 유기농이나 자연식을 찾아 먹으려고 노력해도, 부담을 많이 섭취할 수밖에 없는 것이 현실이다.

부담한 먹거리는 인체의 느슨하게 닫힌 순환 시스템을 방해해서 외부로는 피부 질환과 감염을 일으키고, 내부로는 장내세균총을 교란시켜 염증 질환, 알레르기 질환, 자가면역 질환을 악화시킨다.


## 전자기장도 부담不淡

담淡과 부담不淡은 음식에만 적용되는 개념이 아니다. 우리의 환경을 구성하는 빛, 물, 공기, 소리, 향, 전자기장도 천연과 인공, 즉 담과 부담으로 나눌 수 있다. 인류는 몇백만 년 동안 담한 환경에서 살아왔지만, 최근 반세기 동안 급격히 부담한 환경을 접하고 있다. 인류에겐 부담에 대한 경험도, 그에 대응하는 유전자도 없다.

알려진 대로, 인간이 움직이고 사고하는 동력은 전기다. 인체는 전도체 역할을 하고, 신경세포는 전기 자극을 통해 신호를 전달하며, 심장 또한 전기적 반응으로 움직인다. 자연의 전자기장은 인류가 수백만 년 동안 적응해 온 것이어서 대체로 안전하다. 반면 송전탑과 컴퓨터, 스마트폰, 블루투스와 같은 비자연적인 전자기장은 건강에 악영향을 미칠 수 있다.

고주파 전자기장과 극저주파 전자기장은 산화 스트레스를 유발하는 활성산소ROS를 증가시키는데, 활성산소는 국제암연구소에 의해 발암 가능 물질로 분류된다.[8] 이런 전자기장은 장내세균총을 교란하고 뇌파에도 영향을 미친다. 스마트폰에 중독된 아이들은 장내세균총의 다양성이 감소했으며, 이는 수면 불량으로 이어졌다.[9] 전자기장은 식물, 미생물에도 영향을 미친다.[10]

지난 20년간 꾸준히 증가하고 있는 글루텐 불내성과 수면 장애, 심리적 문제, 우울증이 와이파이와 이동통신의 확산과 관련이 있다는 주장이 설득력을 얻고 있다. 전자기장이 뇌신경에 문제를 일으킨다기보다는, 장내세균총의 불균형을 초래하기 때문일 것이다.[11] 사용하지 않을 때는 컴퓨터나 노트북의 와이파이를 끄고, 잠자기 전에는 스마트폰을 비행기 모드로 바꿔보자. 이런 간단한 방법이 전자기장을 줄여서 장내세균총을 안정시킨다.


## 빛에도 담과 부담이 있다

태양은 지구 생명의 근원이다. 식물은 햇볕을 받아 광합성을 하고 사람은 비타민 D를 합성한다. 햇볕은 면역세포 생성을 돕고, 폐-피부-대장을 활성화한다. 또한 멜라토닌 합성에 영향을 미쳐 수면을 유도하고 기분을 좋게 한다. 봄나들이 가서 따사로운 햇볕을 쬐고 돌아오면 졸음이 쏟아지고 푹 자고 나면 몸이 가뿐해진다.

하지만 형광등이나 LED 빛은 하루 종일 쬐어도 이런 효과가 없다. 햇볕은 자연이기에 눈과 피부에 담淡으로 작용하지만, 인공의

빛은 부담不淡으로 작용한다. 밤의 인공조명은 멜라토닌의 합성과 분비에 교란을 일으킨다. 암을 억제하는 멜라토닌이 교란되면서 남성에겐 전립선암이, 여성에겐 유방암이 증가한다.[12]

형광등 조명은 두통, 야맹증 같은 시력 문제를 유발할 뿐 아니라, 피로와 집중력 장애, 과민 반응의 원인이 된다. 형광등이 밝을수록 스트레스 지수가 높아지고, 인체의 면역력은 저하된다.[13] 쥐를 백색 형광등에 장기간 노출시켰더니, 장내세균총이 교란되면서 비만과 비알콜성 지방간, 제2형 당뇨병이 증가했다.[14] 부담한 빛이 내부의 순환 장애를 일으켜서 장내세균총이 교란된 것이다. 이처럼 장내세균총은 환경에 의해서도 큰 영향을 받는다.

## 물, 공기, 소리, 향의 담과 부담

등산하다 먹는 약수터 물이나 산속 바위틈에서 흘러나오는 석간수는 꿀꺽꿀꺽 잘 넘어가는데, 이상하게 정수기 물은 목에 걸려 많이 마시기 어려운 경험을 한 번쯤 해보았을 것이다. 둘의 차이를 미생물의 관점에서 설명할 수 있다. 공기와 물도 미생물이 체내에 전파되는 주요 경로다. 따라서 몸에 좋은 물에는 미생물이 존재한다.

그런데 식수의 살균 소독이 당연한 것이 되면서 우리는 부담不淡한 물을 마시고 있다. 깨끗하기만 한 물은 좋은 물이 아니다. 실험실에서 쓰는 증류수는 순수한 $H_2O$를 말한다. 우리가 물을 마시면 대장에서 흡수하는데 인체는 증류수를 흡수하지 못한다. 장내세균 역시 증류수를 머금지 못하므로 사람의 진액이 고갈된다.

물보다 몸이 빨리 반응하는 것이 공기다. 공기에도 담과 부담이 있다. 설악산 대청봉이나 대관령에서는 저절로 깊은 심호흡을 하지만, 미세먼지 가득한 도시에서는 얕은 숨을 쉬게 된다. 오염된 공기는 단순히 기관지와 폐에만 영향을 미치는 것이 아니다. 미세먼지는 입을 통해 장으로 들어가 장에 염증을 일으킨다. 실험용 쥐를 미세먼지가 많은 환경에 두면 궤양성대장염 등 장염이 생긴다.[15] 빛, 물, 공기 모두 '부담'은 전신에 영향을 미친다.

현대인은 여름에는 냉방기, 겨울에는 난방기가 만들어내는 부담한 공기 속에서 살고 있다. 깊은 호흡이 어려울 뿐 아니라 피부가 건조해지고 눈과 입이 마른다. 냉난방을 위해 창문을 모두 닫아야 하므로 꽉 닫힌 시스템이 되어 부담은 더 심해진다. 이런 환경에서도 창문을 조금 열어 놓으면 약간 느슨하게 닫힌 시스템이 되어, 눈과 입, 피부가 마르는 증상이 한결 완화된다.

소리와 향기도 다르지 않다. 산속 새소리와 계곡의 물 흐르는 소리는 마음을 편하게 하고 호흡을 깊게 한다. 반면 인공 음향과 전파는 귀를 괴롭힌다. 봄철 라일락꽃의 향기, 함박꽃나무(산목련) 열매의 향, 인동꽃의 은은한 향, 전나무숲의 청량한 향기를 맡으면 코와 마음이 열리고 저절로 호흡이 깊어진다. 하지만 향수 같은 인공적인 향은 코의 기능을 마비시키고 호흡도 얕아지게 한다.

## 4장

음식이
운명을

바꾼다

# 1

# 내가 먹으면,
# 공생 미생물도 먹는다

## 내가 먹는 것이 나

히포크라테스는 일찍이 "내가 먹는 것이 바로 나다"라고 일갈했다. 18세기에 활동한 일본 최고의 관상가 미즈노 남보쿠水野南北는 "인간의 성격, 기질, 사고, 운세 등 모든 것이 '그 사람이 무엇을 먹는가'로 결정된다"라는 주장을 펼쳤다. 음식이 운명을 좌우한다는 파격적인 주장이다. 그는 누구나 관상을 스스로 바꿀 수 있으며, 그 출발점은 먹는 것을 절제하는 것이라 했다.

음식은 장내세균총에 지대한 영향을 미친다. 어떤 음식을 먹는가에 따라 장내세균총이 달라진다. 그리고 장-뇌 축gut-brain axis을 통해, 음식은 뇌 기능에도 변화를 일으킨다. '내가 먹는 것이 나'라고 했던 히포크라테스의 말은 은유적 표현이 아니었던 것이다.

우리가 음식을 먹어서 우리 몸만 살리는 것이 아니다. 인체 세포뿐 아니라 공생 미생물, 특히 장내세균도 먹여 살려야 한다. 애초에 인체와 인체 내의 미생물을 분리할 수 있는지도 의문이지만 여기서는 가외로 하겠다.

## 유익균은 식이섬유를 좋아해

우리가 익히 알고 있듯이 탄수화물, 지방, 단백질은 소화액으로 분해해서 장에서 흡수한다. 그런데 식이섬유는 인체가 잘 분해하지 못한다. 그런데 왜 식이섬유의 섭취가 중요하다고 할까? 식이섬유와 폴리페놀이 장내세균의 먹이이기 때문이다. 식이섬유가 거의 없는 고열량 음식만 먹으면 유익한 장내세균이 굶게 된다. 혈류에 떠도는 지질다당류LPS를 제거하는 역할을 제대로 하지 못해 전신에 염증이 생기게 되는 것이다.

늘 배불리 먹는 습관도 좋지 않다. 과식을 하면 인체가 미처 분해, 흡수하지 못한 탄수화물, 지방, 단백질을 먹고 자라는 유해균이 증식하면서 장내 환경이 교란된다. SIBO가 대표적이다. 음식을 절제하면 관상과 운명이 바뀐다는 한 관상가의 말은 '장내 환경을 개선해 뇌 기능을 좋게 하면 운명이 바뀐다'라는 뜻으로 해석할 수 있다.

## 음식 안의 내생균도 함께 먹는다

어렸을 적 먹었던 딸기는 향과 맛이 풍부했는데, 요즘 딸기는 왜 단맛만 나고 특유의 풍미가 사라진 것일까? 야생 표고버섯은 향이 깊은데, 왜 재배한 표고버섯은 향이 약하고 맛도 심심할까?

우리는 음식을 먹는다고 생각하지만, 사실 음식 속 내생균도 함께 먹는다. 생태환경에서 살아남으려고 노력한 미생물과 그 대사물질을 함께 먹는 것이다. 이들이 우리 몸속으로 들어오면 장내세균총의 조성과 다양성이 변한다.

예전 밭에서 거름을 주어 키웠던 상추는 잎이 두껍고 쓴맛이 나며 흰 즙도 많았지만, 요즘 비닐하우스에서 키운 상추는 그런 맛이 나지 않는다. 우리 입맛이 변해서 그런 게 아니다. 경운과 제초제, 살충제, 합성비료, 농약 등의 영향으로 토양 미생물이 타격을 받았기 때문이다. 재배 환경 또한 노지가 아닌 비닐하우스나 스마트팜 등 보호된 환경이 많아졌다. 이렇게 토양 미생물과 내생균이 달라지면, 먹거리가 우리 몸에 미치는 영향도 달라진다.

자연은 표준화되지 않는다. 영양학 교과서에 나온 대로 모든 상추가 A 성분이 몇 퍼센트, B 성분이 몇 퍼센트가 될 수 없다. 개체마다 성분이 다르고 내생균 또한 다르다. 건강한 토양에서 자란 과일과 채소에는 다양하고 풍부한 미생물이 들어 있다. 물론 병원성 미생물도 들어 있다. 하지만 비병원성 미생물이 풍부하면 병원성 미생물이 억제되므로 문제가 되지 않는다. 미생물 다양성은 장내세균총의 균형 회복에 매우 중요하다. 따라서 좋은 품종을 따지기보다는 좋은 생태환경에서 자란 곡물과 과일, 채소를 먹어야 한다.

## 1주에 몇 가지 채소를 먹는가?

매주 30가지 이상의 채소와 과일을 먹는 사람들은 매주 10가지 이하의 식물을 먹는 사람들보다 장이 훨씬 건강하다. 30가지 이상 먹는 사람들의 장내세균총은 식이섬유를 발효시켜 단쇄지방산을 만드는 세균들(Ruminococcaceae과와 Lachnospiraceae과에 속하는 세균)이 풍부했고, 유익균으로 알려진 피칼리박테리움 프로스니치F. Prausnitzii도 풍부했다.[1] F. 프로스니치는 장내 환경을 개선하고 면역 체계를 강화하며, 염증을 줄이고 스트레스와 우울증을 개선한다. 다양한 먹거리를 통해 다양한 미생물과 접해야 장내세균총이 다양해져서 건강해지는 것이다.

현대 문명사회의 먹거리가 예전보다 다양하다고 생각하기 쉬운데 그렇지 않다. 예전에는 먹을 것이 귀했다. 보릿고개에 많은 사람들이 굶어 죽기도 했다. 봄이 와서 산천에 자라나는 봄나물은 소중한 먹거리였다. 두릅과 광대나물, 별꽃, 수영, 싱아, 우산나물, 취나물, 민들레, 씀바귀, 소나무 속껍질 등을 모두 먹었고, 여름에는 산딸기, 가을이면 다래와 머루, 오미자 등 산의 열매를 따 먹었다. 냇가에서 잡은 물고기와 새우, 가재, 다슬기, 개구리 등을 먹었고, 멧돼지와 토끼, 노루, 꿩, 참새도 먹었다.

요즘 민들레와 머루를 먹는 사람이 얼마나 될까? 산딸기 중에서도 멍석딸기, 줄딸기, 곰딸기의 맛을 구별할 수 있는 사람은 또 얼마나 될까? 멧돼지 고기나 참새는 또 어떤가. 오히려 현대인의 먹거리가 단조롭다. 현대인은 몇 가지 안 되는 품종의 쌀을 먹고, 표준화된 정제 밀가루를 먹고 있다.

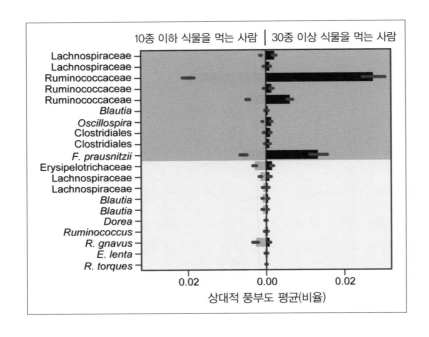

상대적 풍부도 평균(비율)

먹는 식물의
종수와 장내세균총의
조성 변화[2]
McDonald, Daniel, et al

## 장내세균 자체가 감소하고 있다

장내세균총을 살리고 죽이는 것은 우리 자신이다. 식이섬유가 많고 정제당 함량이 낮은 음식은 장내세균총을 다양하게 해주고, 장 점액층을 견고히 유지하며, 혈당을 조절해서 제2형 당뇨병을 막아준다. 염증을 줄여서 심혈관계 질환과 장 질환의 발병 위험을 줄이고, 뇌 기능에 필수적인 중요 물질들을 만들어내고, 면역체계를 돕는다.

식이섬유가 풍부한 대표적 음식을 들자면 야콘, 아스파라거스, 치커리, 돼지감자, 바나나, 마늘, 민들레, 마늘, 대파, 양파, 참마, 콩류, 견과류 등이다.[3]

현대인의 식단 속 식이섬유가 감소하는 것도 문제이지만, 식이섬유를 먹더라도 식이섬유를 발효시킬 수 있는 장내세균이 예전보다 줄어든 상태라는 것이 더 심각한 문제다. 식이섬유를 분해하는 장내세균은 소 같은 초식동물과의 접촉을 통해서 얻는데, 현대인은 이런 초식동물을 접할 기회가 거의 없다. 또한 패스트푸드 같은 가공식품도 장내세균총에 나쁜 영향을 미친다. 가공식품은 첨가제와 방부제, 착색제, 착향제와 같은 인공 물질로 범벅이 되어서 장내세균총을 교란한다. 이러한 변화는 인간 건강에 장기적으로 악영향을 미칠 수 있다.

## 프로바이오틱스가 해결사일까?

21세기에 접어들면서 프로바이오틱스가 새로운 치료법으로 주목받고 있다. 장 질환뿐 아니라 다양한 병들이 프로바이오틱스로 치료되고 있다. 장내세균을 인간의 단순한 기생물이 아닌, 동지 내지는 더 상위의 존재로 규정하는 학자들도 있다. 소화기 질환, 면역계 질환, 심혈관계 질환, 뇌−신경계 질환 등 다양한 질병에 프로바이오틱스를 적용하는 연구들이 다수 발표되었다.

그러나 프로바이오틱스가 모든 사람의 모든 질병에 좋을 수는 없다. 장내세균은 2,000종 정도 되는데 사람마다 제각각 다르다. 같은 사람이라도 음식이나 환경에 따라 달라진다. 어떤 것이 표준이라고 말할 수 없다. 지역, 계절, 체질, 병증에 따라, 인체가 필요로 하는 세균이 다를 수밖에 없다.

## 영재를 낳는 방법

마크로비오틱 개념을 주창한 메이지 시대의 의사, 이시즈카 사겐(石塚左玄) 선생은 이런 격언을 남겼다.

"신동을 얻으려면 어버이의 어버이 때부터 식사를 바르게 하라."

내가 먹은 것이 3대에 걸쳐 영향을 미친다는 말이다. 식사가 변하면 장내세균총이 변하고, 이것은 우리의 몸과 정신, 유전자에 각인된다. 산모는 출산할 때 산도의 질액에 장내세균총을 모아서 신생아에게 전달하고, 신생아는 엄마의 세균총을 씨앗으로 해서 자신의 장내세균총을 형성한다. 그리고 뇌는 장내세균총의 영향을 받는다. 그러니 3대에 걸쳐 올바른 식사를 해야 영재를 낳을 수 있다는 말이 결코 과장이 아니다.

그런데 시판 중인 프로바이오틱스 제품은 대부분 균종 수가 20가지를 넘지 않는다. 대부분은 한두 균종에만 편중되어 있다. 이렇게 특정 균종만 보충하면 오히려 장내세균총의 균형이 깨질 수 있다. 또한 항생제 치료 후 장내세균총의 회복을 지연시킬 수도 있다.[4, 5] 나에게 좋은 프로바이오틱스를 다른 사람에게 추천해 줄 수 없는 이유다.

게다가 프로바이오틱스를 피해야 하는 경우도 있다. 장내구균 Enterococcus이 포함된 프로바이오틱스를 복용했을 때 항생제 내성이 생겼다는 보고가 있다. 프로바이오틱스도 세균이기 때문에 일반 세균처럼 감염을 일으킬 수 있다. 예를 들어, 면역력이 뚝 떨어진 상태에서 프로바이오틱스를 복용하면 드문 경우이긴 하지만 균이 혈관으로 침투해 균혈증, 패혈증을 유발할 수도 있다.

면역력이 저하된 암 환자, 면역억제제 복용자, 크론병 등 자가면역 질환 환자, 방사선 치료를 받는 사람, 심장 내막염을 앓은 경험이 있는 심장 질환자라면 특히 주의해야 한다. SIBO의 경우도 프로바이오틱스가 세균을 더 증식시켜 유익하지 않을 수 있다.

## 시판 프로바이오틱스의 문제점

하나의 나무로만 구성된 숲은 병들기 쉽고, 하나의 작물만 심은 밭은 병충해가 심하다. 좁은 닭장에 닭만 넣어두면 닭이 병든다. 사람도 군대, 교도소처럼 한 곳에 모아두면 질병이 생기기 쉽다. 프로바이오틱스도 한두 가지 종 위주로 구성되면 같은 현상이 생길 수 있다.

또한 천연과 인공은 다를 수밖에 없다. 잘 발효된 김치의 유산균과 공장에서 생산한 유산균은 다르다. 세균은 화학성분이 아니라 생명체이기 때문이다. 현재 시판되는 프로바이오틱스는 균종이 같으면 그 효능도 같다는 성분론적 관점을 갖고 있다.

시판 프로바이오틱스는 빠르게 자라는 소수 균종 위주로 구성된다. 휴면하거나 천천히 자라는 균종이 중심인 토양 미생물군과 현저히 다르다.[6,7] 당연히 채소와 과일 속 내생균과도 다르다. 이들은 우리 몸속으로 들어와서 다르게 작용한다. 패스트푸드와 슬로푸드의 차이라고 할 수 있다.

또한 프로바이오틱스 제제를 복용하면 위산과 담즙산 등 소화액에 죽어서, 실제로 장까지 살아서 도달하는 세균은 적다. 자연에서 만들어지지 않은 프로바이오틱스가 장내 환경에 적응해 뿌리내리기도 힘들다. 장기간 복용해야 효과를 볼 수 있다.

데이비드 펄머터는 『장내세균 혁명』에서 "비피더스균과 유산균은 천연식품으로 섭취하는 것이 가장 좋다. 흡수율이 월등히 뛰어나기 때문이다"라고 했다. 김치, 사우어크라우트(양배추를 소금에 절여 발효시킨 음식), 플레인 요거트, 콤부차처럼 자연적으로 발효된 식품을 먹으라는 말이다.

천연식품이나 발효식품은 식이섬유도 갖고 있고 내생균이 자연에서 살아남기 위한 노력도 머금고 있기에, 장내 환경을 변화시켜 인체를 치료한다. 시판 프로바이오틱스는 상대적으로 '부담'에 해당하고, 천연식품의 세균들은 상대적으로 '담'에 해당한다.

# 2         신토불이와<br>신시불이

## 밀, 우리 쌀, 안남미

우리 땅에서 난 먹거리가 우리 몸에 좋다는 뜻에서 신토불이身土不二라는 용어를 자주 쓴다. 다양한 인종, 다양한 민족은 자신의 생태환경에 맞는 먹거리를 먹으며 살아왔다. 그 환경에서는 그 먹거리가 적합했기 때문이다. 세계인의 주식인 밀과 안남미, 우리 쌀의 주산지를 살펴보면 신토불이의 개념을 보다 쉽게 이해할 수 있다.

밀의 산지는 중국 북부, 미국, 우크라이나, 캐나다, 오스트레일리아 등의 냉온대 지역에 분포되어 있다. 추위에는 강하지만 고온에는 약해서, 추운 곳에서 자랄수록 추위를 이기려고 더 단단해지거나 찰지게 된다. 찰진 음식은 사람의 땀구멍을 닫고 피부를 두껍게 하는 효능이 있다.

반면 안남미는 동남아와 중국 남부가 주산지다. 열대 기후는 습열

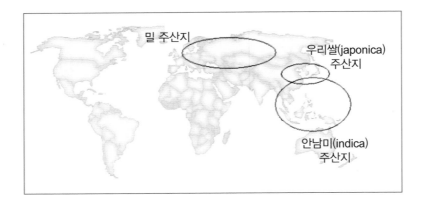

안남미, 우리 쌀,
밀의 주산지

이 무성하기에, 안남미는 살아남기 위해 습열을 제거하려고 노력한다. 그래서 길쭉하고 찰기가 없다. 안남미는 사람의 피부를 얇게 만들어서 열을 쉽게 내리고, 피부와 소변으로 습을 배출해주는 효능이 있다.

우리 쌀은 한국, 중국의 중북부, 일본 등 동북아에서 재배한다. 밀가루는 매우 찰져서 물만 부어도 반죽할 수 있지만, 안남미는 찰기가 없어서 밥알이 날아다닌다. 우리 쌀은 밀과 안남미의 중간 정도로 적당히 찰기가 있어서, 찧으면 떡을 만들 수 있다.


## 러시아 사람이 태국에 살면

냉대 지역에 살던 러시아인이 무더운 열대 환경인 태국으로 이주하면 어떤 일이 벌어질까? 이들이 태국에서도 여전히 밀가루로 만든 면이나 빵만 먹는다면 피부가 더 두꺼워지면서 내부의 열을 발산하지 못해 심혈관계 질환이 생길 수 있다. 마찬가지로 북유럽 출신의 백인이 덥고 습한 미국 남부의 플로리다에 살면서 밀을 주식으로 한다면 중풍 등 심혈관계 질환이 많이 생길 수밖에 없다.

습열이 무성한 동남아에서 살려면 찰기 없는 안남미를 먹어야 한다. 그래야 피부가 얇아지고 몸에서 열이 제거되면서 더위를 이길 수 있다. 그 지역에서 살려면 그곳의 생태환경에서 자란 먹거리를 먹어야 한다. 외국 여행 가서 배앓이를 하는 것은 장내 환경이 그 지역 생태환경에 맞춰 적응해 가는 과정으로 봐야 한다.

그 지역에서 자란 먹거리를 먹으면 장내 환경도 지역의 생태환경에 맞게 변한다. 그러면 우리는 그 환경에 더 잘 적응할 수 있다. 이것이 신토불이의 개념이다. 우리와 생태환경을 공유하는 생명체에는 그 환경에서 살아남으려는 노력과 힘, 미생물이 깃들어 있다. 따라서 태국에 살면 안남미를 먹어야 하고, 모스크바에 살면 밀을 먹어야 한다. 물론 이것을 역으로 이용할 수도 있다. 모스크바에 사는 여성이 살을 빼려면 일정 기간 안남미를 먹는 것이 좋고, 태국에 사는 사람이 땀이 많거나 허약하다면 밀이나 찹쌀, 쌀국수를 먹는 것이 좋다.

## 여름엔 안남미, 겨울엔 밀

한국인에게는 기본적으로 차지고 통통한 우리 쌀이 적합하지만, 습열이 무성한 여름에는 길쭉한 안남미가 좋다. 열량이 낮을 뿐 아니라, 피부를 열어서 열 배출이 잘 되게 하기 때문이

다. 겨울에는 찰기가 있는 밀가루, 찹쌀, 메밀을 먹는 것이 좋다. 찐빵, 찹쌀떡, 메밀묵 등은 피부를 두껍게 만들어 겨울 추위를 이길 수 있게 해준다.

그러나 모든 것이 그렇든 '적당히'의 미덕을 지켜야 한다. 겨울에 밀가루와 찹쌀 또는 뜨거운 성질의 고기를 지나치게 먹으면 피부가 과하게 두꺼워져 몸속에 열이 생기고 피가 뜨거워져 심혈관계 질환이 생길 수 있다. 그래서 가끔 찬 성질의 메밀국수나 냉면, 동치미로 몸속의 열을 식히는 것이다. 함흥냉면, 평양냉면이란 이름에서 알 수 있듯이 냉면은 원래 북쪽 지방의 겨울 별미였다. 소바 역시 동계 올림픽으로 유명한 나가노현長野県의 고산 지역에서 유래되었다.

## 신시불이身時不二와 미생물

모든 생명체는 계절의 변화에 적응해야 생존할 수 있다. 환절기에 적응하지 못해 병이 난 사람이라면 계절변화에 잘 적응하고 있는 음식을 먹는 것이 좋다. 겨울에 몽고나 중국 북부 사람들은 양고기를 먹고, 러시아 사람들은 보드카를 마신다. 체온을 보존하기 위함이다. 한편 여름철 동남아에서는 달고 시원한 여름 과일을 먹어 건강을 유지한다.

'몸과 계절이 다르지 않다'라는 신시불이身時不二의 개념 또한 미생물과 관련이 깊다. 계절 음식을 먹는다는 것은 계절에 잘 적응한 미생물을 나의 장내세균총으로 끌어들이는 일이다. 실제로 인체의 장내세균총은 계절에 따라 변한다.

여러 연구에 따르면, 도시인에 비해 농산어촌에 사는 사람들의 장내세균총이 건강하다. 시골에 살면 아무래도 자신이 직접 재배하거나 자신의 지역에서 나는 것을 먹게 된다. 나와 같은 공간과 시간에

## 봄에는 봄나물, 가을에는 갯벌 생물

봄에 춘곤증이 왔을 때는 봄을 잘 버티고 있는 봄나물을 먹으면 된다. 두릅, 고들빼기, 민들레, 씀바귀 등 씁쓰름한 봄나물은 몸이 무겁고 처질 때, 몸을 가볍게 하고 기운을 끌어올려 준다. 같은 식물이라도 계절에 따라 효능이 달라진다. '봄 부추는 사위에게 주지 않는다'라는 말이 있다. 부추는 원래 아랫배의 양기를 보충하는데, 추운 겨울을 난 봄 부추는 수렴하는 힘이 더욱 강해져 정력을 좋게 하기 때문이다.

가을이 오면 피부는 건조하고 몸속은 습해지므로 조습(燥濕)을 조절해 주는 음식이 좋다. 진흙이나 갯벌에 사는 미꾸라지, 전어, 대하, 낙지 등이 대표적이다. 진흙이나 갯벌은 수분을 머금었다 뱉어서 조습을 조절하는데, 여기서 저란 생물 역시 조습 조절에 탁월한 효능을 보인다.

서 자란 먹거리를 먹으면, 자연스럽게 신토불이와 신시불이가 적용된다. 그리고 그런 먹거리에는 미생물이 잘 보존되어 있다.

한의학에서 처방할 때도 같은 사람, 같은 병증이라 하더라도 계절에 따라 가감한다. 계절에 따라 장내 환경과 장내세균이 달라지기 때문이다.

# 3 인디언의 세 자매 농법과 자연농법

## 왜 옥수수, 호박, 콩일까?

북아메리카 원주민에게는 독특한 농사법이 있는데, 옥수수와 호박, 콩을 함께 키우는 이른바 '세 자매 농법'이다. 옥수수는 수확량이 많지만, 토양의 질소를 많이 소비해서 땅의 힘을 약하게 하기에 연이어 심을 수가 없다. 그런데 옥수수 옆에 콩을 심으면 놀라운 일이 벌어진다. 콩 뿌리에 붙은 뿌리혹박테리아가 질소를 가두어서 옥수수와 호박에게 공급하는 것이다.

옥수수는 그 대가로 콩이 높이 기어오를 수 있도록 지지대가 되어준다. 한편 호박은 지표를 덮어 잡초에게 빛이 가지 못하도록 하고 수분 증발을 막으면서 땅에 영양분을 공급한다. 옥수수, 호박, 콩, 세 자매를 함께 심으면 하나씩 농사지을 때보다 수확량이 증가한다. 이처럼 식물 간의 공생관계를 살펴 농사를 지으면 생태계가 살아나고, 식물이 건강해지고, 수확량이 증가한다.

## 단일작물, 단일품종만 심으면

현대의 농가들, 특히 기업농들은 효율성이란 명목으로 단일작물만 재배한다. 미국 중서부 지역은 수백 킬로미터에 걸쳐 옥수수와 콩밭만 펼쳐지고, 미국 남동부는 목화, 미국 북서부 태평양 연안은 밀밭 천지다. 예전에는 100종 넘는 작물을 재배하던 곳이 현재는 서너 종만 재배하고 있다.

오늘날 단 15종의 작물이 식물성 먹거리의 약 90%를 차지한다. 우리의 선조들은 우리보다 훨씬 다양한 음식을 섭취했다. 현대의 공장식 작물 생산 시스템이 종 다양성을 사라지게 하고 있는 것이다. 20세기 초반과 비교해 보면, 채소 씨앗의 90%가 이미 사라졌다. 다양한 종이 어우러져야 할 생태계가 소수의 종으로 단순화되면, 생태계가 제대로 작동하지 못한다.[8] 자연의 속성 자체가 다양성이기 때문이다.

단일작물만 재배하면 토양 미생물도 다양하지 못하므로, 유익균이 병원균을 제어하지 못해 작물이 쉽게 병든다. 이를 막기 위해 제초제 등 농약을 사용하면 농약 때문에 균근 네트워크가 파괴되고, 균근 네트워크를 통해 영양분을 제대로 공급받지 못한 작물은 허약해진다. 그래서 다시 합성비료를 뿌려서 영양분을 보충한다.

단일작물뿐 아니라 단일품종의 폐해도 심각하다. 1900년 미국에는 550여 개 품종의 양배추가 있었는데, 오늘날 판매되는 것은 28개 품종에 불과하다. 비트의 경우 288개 품종에서 17개 품종으로 줄었다. 20세기 초에 있었던 옥수수 품종의 96% 이상이 사라졌다.[9]

한국인의 주식인 벼도 마찬가지다. 1911~1912년 한반도의 벼

품종을 조사한 기록인『조선도품종일람朝鮮稻品種一覽』에는 논메벼 2,437개, 논찰벼 1,081개, 밭메벼 208개, 밭찰벼 104개 등 총 3,830개 품종이 수록되어 있다. 하지만 지금은 대부분 사라지고 몇 가지 품종으로 통일되었다. 최근에야 다시 토종벼 살리기 운동이 전개되고 있다.

## 숲에 한 종류의 나무만 심으면

단일 종의 나무로 이루어진 숲은 병들기 쉽고, 다양한 종의 나무가 어우러져 사는 숲은 병충해에 버티는 힘이 강하다. 앞에서 소개한 시마드 교수의 연구에서, 자작나무와 균근 네트워크로 연결된 미송은 연결되지 않은 미송보다 건강했다. 자작나무 역시 미송과 연결되었을 때, 성장 속도가 빠르고 뿌리 감염병도 적었다. 식물 종이 다양한 숲에서는 토양 병원균이 있더라도 다른 미생물들이 병원균을 억제하는 역할을 한다.

같은 품종, 같은 나이의 나무로 이루어진 숲을 유지하려면 엄청난 노력과 비용, 약품이 필요하다. 반면, 다양한 나무들이 균근 네트워크로 연결되어 있으면 숲은 특별히 관리를 하지 않아도 서로를 지켜주며 번성한다. 같은 땅에서 자라더라도 식물 종이 다르면 다른 미생물 군집을 형성한다. 미생물 군집이 다양해지면 균근 네트워크를 통해 식물 전체의 면역력과 생명력이 강해진다.

## 짚 한 오라기의 혁명, 자연농법

후쿠오카 마사노부 선생이 주창한 자연농법은 전 세계에 큰 영향을 미쳤다. 자연농법이란 무경운, 무제초, 무농약, 무비료를 특징으로 하는 순환농업이다. 여기서 '순환'이란 농업 부산물을 다시 농업 생산에 투입해 물질이 순환되도록 한다는 의미다.

후쿠오카 선생은 『짚 한 오라기의 혁명』에서 자연농법을 이렇게 설명했다.

"10월 상순, 벼가 자라는 논의 벼 이삭 위에 클로버 씨앗을 뿌린다. 10월 중순, 벼를 베기 직전에 벼 이삭 위에 보리 씨를 뿌린다. 10월 하순, 벼를 수확한다. 11월 하순, 탈곡한 볏짚 전량을 갓 돋아난 보리 싹 위에 흩어서 뿌린다. 봄철 볍씨를 파종할 때도 같은 방법으로 한다. 더 간단한 방법도 있다. 10월에 보리 씨를 뿌릴 때 볍씨와 보리 씨를 한꺼번에 뿌린다. 그러면 식물은 자신이 싹터야 하는 시기에 맞춰서 싹이 튼다. 이렇게 하면 적은 노동력으로도 논 관리가 가능하다."

자연농법은 바로 '느슨하게 닫힌 순환 시스템'을 실천하는 것이다. 클로버가 지피식물이 되어 땅을 느슨하게 닫아 주고, 땅속에서는 균근 네트워크가 순환하고, 땅 위에서는 볏짚과 보릿짚이 순환한다. 열매인 쌀알과 보리알만 빠져나가고 물과 햇볕, $CO_2$가 추가 공급된다. 원래 그 땅에서 났던 보릿짚과 볏짚, 탄소, 질소, 인, 칼륨 등 원소들과 미생물들은 (열매만 빼고) 모두 그 땅으로 되돌아와 다시 순환한다.

논에는 농약을 치지 않아서 다양한 벌레들이 살아간다. 벌레가

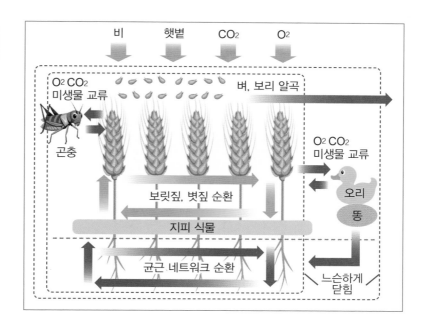

균근, 작물, 동식물,
곤충의 느슨하게
닫힌 순환 시스템

비　　햇볕　　$CO_2$　　$O_2$

$O_2$ $CO_2$
미생물 교류

벼, 보리 알곡

곤충

$O_2$ $CO_2$
미생물 교류

오리

똥

보릿짚, 볏짚 순환

지피 식물

균근 네트워크 순환

느슨하게
닫힘

벼와 보리를 갉아 먹기도 하는데, 이때 벌레의 미생물이 작물 속으로 들어가 내생균이 된다. 벌레의 똥은 토양과 작물로 들어간다. 후쿠오카 선생은 이러한 논에 집오리를 길러 그 똥도 거름으로 쓰라고 했다. 작물에게 동물의 똥은 다양한 미생물의 보고이자 양분의 보물 창고다. 이 모델은 균근 네트워크와 작물, 동식물, 곤충을 모두 포함한 순환 시스템이라 할 수 있다.

## 자연농법은 여러 겹의 순환 시스템

이러한 자연의 순환에 사람까지 참여하면 총체적인 순환시스템이 완성된다. 보통 자연은 사람의 손길이 닿지 않을수록 좋다고 생각하는데, 꼭 그렇지는 않다. 다람쥐 덕분에 도토리가 널리 퍼져 나가듯, 자연이 사람을 이용하기도 한다. 앞에서 설명한 꽃무릇의 사례를 떠올려 보라.

북아메리카 원주민 포토와토미 족은 오래전부터 향모 잎을 땋아서 바구니 등 생활용품을 만들어 왔다. 그들은 향모를 그대로 방치하는 것보다 어느 정도 잎을 뜯어야 잘 자란다고 믿었다. 포토와토미 족 출신의 식물생태학자이자 『향모를 땋으며』의 저자인 로빈 월 키머러Robin Wall Kimmerer 교수는 '과연 향모의 잎을 뜯을 때 향모가 더 잘 자라는지'에 관해 연구하고 싶었다.

그런데 학교에 실험 계획을 제출하자 교수위원회는 부정적 반응을 보였다. 자연은 인간의 손길이 닿지 않을 때 더 건강하다는 상식 때문이었다. 하지만 수년에 걸친 실험 결과, 향모의 잎을 일정 부분 채취했을 때 훨씬 더 무성하게 자란다는 사실이 밝혀졌다. 이러한 현상은 가축 방목학에서도 나타나는데, 이를 '생장 자극stimulated growth'이라고 한다. 은행나무도 하나의 줄기를 베어내면 더 많은 줄기가 올라온다.

**1**
향모
Agnieszka Kwiecień,
Nova(Ⓦ)

**2**
은행나무의
생장 자극

동물에게 뜯긴 식물은 그렇지 않은 식물보다 광합성을 더 많이 해서 더 많은 액체탄소를 토양에 쏟아 내어, 탄소에 굶주린 토양 미생물들을 끌어모은다. 토양 미생물들은 더 많은 양분을 식물에게 공급해서 더 풍성하게 자라게 한다. 잔디도 적당히 깎아 줄 때 더 풍성하게 자란다. 이처럼 동물이 주는 적당한 스트레스는 식물의 생장을 돕는다.

　사람도 자연의 일부이기에, 건강한 생태계는 사람을 배제하지 않는다. 사람은 작물을 먹으며 산소를 공급받는다. 그 대가로 작물에게 $CO_2$와 대소변을 거름으로 되돌려주고, 씨앗을 널리 퍼뜨려준다.

　이러한 순환 시스템은 느슨하게 닫혀 있기에, 자체적으로 생산과 소비가 완료되어 지속 가능성을 획득한다. 벼와 보리에서 수확한 쌀알과 보리쌀알도 인간의 소화관을 거쳐 대소변의 형태로 다시 땅으로 돌아간다. 외부에서 공급되는 것은 오직 햇볕과 비, $CO_2$와 산소뿐이다. 이 순환 시스템 내에서 탄소, 질소, 인, 칼륨, 미네랄 등의 원소가 작물과 동식물, 곤충, 사람 사이를 순환한다. 토양 미생물도 작물의 내생균, 동물의 장내세균총, 곤충의 장내세균총, 사람의 장내세균총을 거쳐 다시 토양으로 순환한다.

　자연농법을 통해, 여러 겹의 느슨하게 닫힌 순환 시스템이 중첩되면 다양한 순환이 반복되면서 감로정이 농축된다. 이 시스템에 참여하는 생물 모두가 외부의 도움 없이 스스로 건강하게 살아갈 수 있다. 즉 지속 가능한 농업이고, 비용이 적게 드는 농법이며, 인체를 살리는 치유농업이다.

# 4

# 합성비료와
# 제초제 없는 세상

## 토양 생태계의 붕괴

식물은 토양 미생물에게 광합성한 탄소를 주고, 토양 미생물은 식물에게 물과 영양분을 주면서 느슨하게 닫힌 채 순환한다. 그런데 식물에게 고영양의 비료를 주면 식물은 게을러질 수밖에 없다. 열심히 광합성을 해서 뿌리에 내려보내 토양 미생물을 끌어들일 필요가 없기 때문이다.

그런데 탄소를 뿌리에 보내지 않아 식물 내부에 탄소가 쌓이면 내생균이 변하고, 토양 미생물은 탄소를 얻지 못해 죽는다. 제2형 당뇨병을 유발하는 인슐린 저항성과 흡사한 구조다. 식물과 토양 미생물 간의 교류가 단절되면서 네트워크가 파괴된다.

토양 미생물들은 대체로 식물에 유익하고, 다만 일부만 식물에 해롭다. 토양 미생물들이 모두 죽어버린다면 유익균이 더 많이 죽는 셈이다. 그러면 일부 유해균들이 상대적으로 번성해 식물이 병들게 된다. 순환과 반복이 끊어짐으로써 토양의 감로정인 글로말린도 사라진다. 토양 속 빈틈이 줄어들면서 토양 생명체가 서식할 공간 자체가 사라지고, 토양이 물을 흡수하는 능력도 줄어든다. 즉 토양 생태계의 기능 자체가 망가진다.

## 개량종자와 합성비료

합성비료를 많이 쓰게 된 것은 종자와도 관련되어 있다. 요즘 우리가 먹는 작물의 종자는 조선시대에 농사짓던 천연 종자가 아니다. 대부분은 생산량을 높이거나 맛을 좋게 하고 농약에도 잘 버틸 수 있도록 개량된 종자다. 문제는 개량된 종자들이 균근과 공생관계를 맺기 힘들다는 것이다. 균근 네트워크의 이점을 온전히 누리지 못하는 개량종자는 합성비료에 의지할 수밖에 없다.

이런 상황을 사람에 비유해 보자. 우리가 천연식품을 먹으면 장내 세균이 각종 비타민과 필수아미노산을 합성해 준다. 따라서 건강보

합성비료와
균근 네트워크

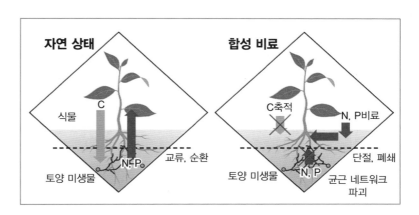

조식품을 먹을 필요가 없다. 그런데 현대인들이 가공식품과 합성성분의 영양제를 복용하면서 장내세균이 할 일이 사라졌다. 합성비료와 제초제, 농약에 의존한 먹거리를 먹는 것만으로도 인간과 장내세균의 관계가 약해지고 면역력이 떨어지는 것이다.

후쿠오카 마사노부는 "음식과 약은 다른 물질이 아니다. 둘은 종이의 양면과 같다. 그런데 화학적으로 재배된 채소는 음식이 될 수는 있지만 약이 될 수는 없다"라고 했다. 생태계 균형이 깨진 먹거리는 사람의 장내 환경에 들어와서도 불균형을 초래한다. 인체와 음식은 성분이 아니라 생명의 관점에서 바라보아야 한다.

## 그 많던 물고기는 다 어디로 갔을까?

필자는 어린 시절을 울주군 시골에서 보냈다. 누나, 동생과 함께 냇가에서 다슬기와 새우, 물고기를 잡아 오면, 할머니께서는 맛있는 국을 끓여 주셨다. 큰비가 올 때면 마을 사람들이 모두 소쿠리를 들고 나와 냇가의 풀숲에서 물고기를 잡았다. 아래쪽 저수지에서 물고기 떼가 거슬러 올라왔기 때문이다. 논과 논 사이를 흐르는 실개천에는 미꾸라지가 바글바글했다. 그런데 언제부턴가 다슬기와 새우, 물고기들이 사라졌다.

요즘 시골에는 어르신들뿐이고, 먹을 것이 풍부해서인지 다슬기나 새우, 물고기를 잡는 사람도 없다. 잡는 사람도 없는데, 왜 냇가에는 물고기가 없을까? 필자는 MIT의 선임 연구자인 스테파니 세네프Stephanie Seneff가 쓴 책『위험한 유산』에서 그 답을 얻었다.

글리포세이트glyphosate는 제초제의 주요 성분인데 논밭, 잔디, 정원, 공원, 숲, 수로 등지에서 잡초를 방제하는 데 사용된다. 글리포세이트가 작물과 잡초를 가리지 않고 깡그리 죽여버렸기에, 도입 초기에는 널리 쓰이지 못했다. 그러다가 글리포세이트에 죽지 않는 GMO 작물이 개발되었다. 그때부터 글리포세이트는 전 세계 토양에 대량으로 뿌려졌다. 콩과 옥수수, 카놀라 등의 GMO 작물이 지금도 이런 방식으로 재배되고 있다.

## 제초제와 슈퍼 잡초의 등장

미국에서는 1970년대에서 2010년대로 오면서 글리포세이트 사용량이 15배나 늘었다. 2016년에만 무려 13만 톤이 살포되었다. 미국인 1인당 1년에 약 453그램의 글리포세이트를 뿌리는 셈이다. 그러자 글리포세이트에 내성이 생긴 슈퍼 잡초가 등장했고, 이를 없애기 위해 더 많은 글리포세이트 혹은 또 다른 제초제가 필요해졌다. 마치 항생제 내성균을 죽이기 위해 더 강력한 항생제를 개발하는 것과 같다. 글리포세이트는 작물에 광범위하게 작용하는데, 그 기전은 세 가지로 요약된다.

첫째, 글리포세이트는 식물의 미네랄 흡수를 방해해 죽게 만든다. 글리포세이트는 아연, 구리, 마그네슘, 철 등 식물의 생존에 필수적인 미네랄과 질소를 흡수하지 못하게 함으로써 잡초를 죽인다. 식물이 미네랄을 흡수하지 못하면 진균성 질병에 취약해진다.

이런 영향으로 채소 내 미네랄은 수십 년 동안 꾸준히 줄어들고 있다. 지난 50년 동안 감자 속 구리와 철의 50%가, 당근 속 마그네슘의 75%가 사라졌다. 단백질, 리보플라빈, 비타민 C를 포함해 다른 영양소도 급격히 줄었다. 할아버지 세대가 오렌지 1개로 섭취했던 비타민을 요즘은 오렌지 8개를 먹어야 섭취할 수 있다. 현재 전 세계 인구의 30~50%는 미네랄 부족에 시달리고 있다. 칼로리는 충분하다 못해 넘치지만, 실제로는 영양실조 상태인 셈이다.[10]

둘째, 글리포세이트는 식물의 뿌리와 균근의 공생관계를 방해하고 균근 네트워크를 파괴한다. 또한 지렁이 등 유익한 생명체뿐 아니라 곰팡이, 선충 등 거의 모든 토양 생명체를 급격히 감소시킨다. 유익균이 죽고 병원균이 증식하면서 식물은 허약해졌다.[11]

셋째, 글리포세이트는 방향족 아미노산을 합성하는 시킴산 경로 shikimate pathway를 공격하는 방법으로 식물을 괴멸시킨다. 문제는 식물뿐 아니라 세균, 균류, 조류 등도 시킴산 경로를 통해 대사작용을 한다는 것이다. 결국 식물과 균근 네트워크가 함께 파괴된다.


## 글리포세이트의 치명적 위험


인간을 포함한 동물에게는 시킴산 경로가 없다는 것을 다행으로 여겨야 할까? 절대 그렇지 않다. 인간의 일부가 된 장내세균은 시킴산 경로를 통해 방향족 아미노산인 트립토판과 페닐알라닌을 합성한다. 장내세균이 기능하지 못하면 필수아미노산이 만들어지지 않는다는 얘기다.

트립토판이 만들어지지 않으면, 행복 호르몬이라고 불리는 세로토닌과 멜라토닌이 생성되지 않는다. 세로토닌 결핍으로 불안, 우울, 강박, 공격성이 나타날 수 있고, 멜라토닌 결핍으로 수면의 질이 떨어진다. 글리포세이트에 민감한 장내 유익균은 격감하고 상대적으로 글리포세이트에 강한 살모넬라 병원균은 번성하면서, 장내세균총의 균형이 깨진다. 글리포세이트에 가장 취약한 것이 유익균인 비피더스균이다.[12]

더 심각한 문제는 글리포세이트가 유발하는 질병이다. 밀에 포함된 글루텐에 알레르기 반응을 일으키는 '글루텐 불내성' 환자가 전 세계적으로 증가하는 추세다. 오랜 세월 쌀을 주식으로 해온 아시아권은 물론이고 밀을 주식으로 하는 미국과 유럽도 예외가 아니다. 글루텐 불내성의 가장 심각한 버전이 자가면역 질환의 일종인 '셀리악병'이다.

1948~1954년 사이에 채취해 냉동시켜 둔 혈청과 현대인의 혈청으로 셀리악병의 발생률을 비교해 보니, 현대인의 셀리악병 발생률이 4배나 높았다. 자료를 보면 밀 재배에 글리포세이트를 많이 쓸수록 셀리악병 발생률이 증가하는 것을 볼 수 있다. 2010년 글리포세이트 사용량이 일시적으로 감소하자, 셀리악병 발생률도 따라서 감소했다.

이런 상관관계는 왜 생기는 것일까? 글리포세이트가 소화효소를 억제하고, 장내세균총을 교란하기 때문이다. 또 장의 점막을 파괴해서 큰 덩어리의 단백질이 혈류로 유입되게 하기 때문이기도 하다. 인체가 큰 덩어리의 단백질을 적으로 인식해 공격하면서, 글루텐 불내성과 셀리악병이 유발되는 것이다.[13]

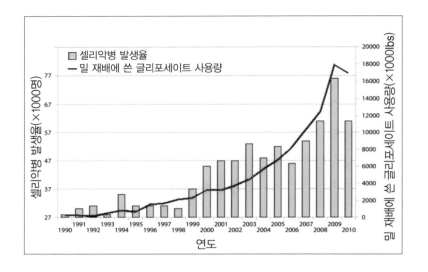

미국의 밀 재배에 쓴
글리포세이트
사용량과
셀리악병 발생률14
Samsel, Anthony, and
Stephanie Seneff

## 식수, 잔디, 공기에도 위험이

글리포세이트는 전 세계에 어마어마한 양이 살포되어 있다. 없는 곳이 없다고 할 수 있다. 먹거리를 통해 우리 입으로 들어오는 것을 제외하더라도 그 영향력은 심대하다. 토양에 뿌려진 글리포세이트는 빗물을 타고 강과 바다로 흘러 들어간다. 우리가 마시고 목욕하고 수영하는 물에도 녹아 있고, 아이들이 뛰노는 공원의 잔디에도 스며 있을 것이다.

글리포세이트는 에어로졸화되어 공기 중으로도 흩어진다. 인간의 폐로 들어와 폐 손상, 천식, 알레르기를 유발할 수 있다.[15]

그나마 다행인 것은 유기농 식품을 먹는 사람들의 소변에서 검출되는 글리포세이트 농도가 낮다는 사실이다. 건강한 사람은 만성질환을 앓는 사람보다 소변의 글리포세이트 농도가 훨씬 낮다.[16] 그러나 글리포세이트에서 완전히 자유로울 수는 없다. 지구의 모든 생명체는 글리포세이트와 그 분해 산물에 고스란히 노출되어 있다.

여러 실험을 통해,[17] 글리포세이트로 인한 질병이 프로바이오틱스와 프리바이오틱스로 회복된다는 사실이 밝혀졌다. 즉 글리포세이트 부작용에 대한 강력한 치료법은 장내세균총의 균형을 회복하는 것이다.

# 5

# 다양할수록
# 강하다

## 함께 살고 서로 돕는다, 생물다양성

생물다양성biodiversity이란 식물, 곤충을 포함한 동물, 미생물까지를 포함한 개념이다. 앞에서 예를 든 쿠두 영양 폐사 사건처럼 곤충이나 동물이 식물의 일부를 먹으면, 여기에 자극받아 식물의 내생균이 풍부해지고 물질대사가 크게 변한다. 식물이 홀로 있을 때보다 곤충, 동물, 사람과 함께할 때 식물의 맛과 성분, 효능이 달라진다. 그 식물을 먹는 동물의 장내세균도 더 풍부하고 다양해진다. 우렁이쌀, 메뚜기쌀은 내생균과 성분이 다르기에 우리 몸에서 다른 효과를 낼 것이다.

곤충 역시 우리와 함께 살아가는 생태계의 일원이다. 무당벌레와 같은 곤충은 해충을 조절해서 천연 살충제라 불린다. 농장에 해충이 들끓는다면 해충을 잡아먹는 곤충이 부족하다는 뜻이다. 신기하게도, 다양한 곤충들이 균형 있게 서식할수록 해충 수는 줄어든다.[18]

저소득 국가에서 고소득 국가로 이주한 경우, 만성 염증성 질환의 유병률이 그 세대보다 그다음 세대에서 증가한다는 흥미로운 연구 결과가 있다. 이는 영유아기에 다양한 미생물에 노출되는 것이 중요하다는 것을 의미한다. 영유아기에 다양한 미생물과 접하지 못하면 자가면역 질환과 알레르기 질환, 염증성 장 질환이 생길 확률이 증가하고, 심리적·사회적 스트레스에 버티는 힘이 약해지면서 정신질환이 증가한다.[19]

현대 문명이 악마화한 '대장균'은 비타민 K를 생산하는 일을 하고, 기생충의 대명사인 회충은 자가면역 질환을 예방하는 역할을 한다. 장내 환경이 건강하면 이들은 필요한 역할을 하며 조용히 지낸다. 이들이 문제가 되는 것은 장내세균총이 교란되었을 때다. 생물다양성이 풍부한 환경에서 살고 생물다양성이 풍부한 환경에서 자란 먹거리를 먹을 때, 인체의 장내세균도 다양해진다. 사람과 동식물, 곤충, 미생물의 다양한 종과 다양한 세대가 함께 어우러져야 서로 돕고 서로를 지켜줄 수 있다.


## 인간사회도 다양해야 건강하다


시마드 교수는 "다양한 품종뿐 아니라 다양한 나이의 나무, 즉 세대 간의 연결은 숲의 유산이자 생존의 뿌리다"라고 했다. 사람도 여러 층차의 다양성이 필요하다. 다양한 직업과 성향, 다양한 세대의 사람이 어우러지는 것이 바로 건강한 사회다. 예전의 대가족은 다양한 세대가 어우러졌기에 자연스럽고 건강하게 유지될 수 있었다.

형상의학의 창시자인 지산 선생은 갓난아기에게 새 옷을 입히지 말고 할아버지, 할머니가 입던 옷을 수선해서 입히라고 했다. 요즘 젊은 부모들이 들으면 기겁할 말이지만 여기엔 깊은 뜻이 있다. 갓난아기가 엄마와 아빠의 미생물은 충분히 접하고 있을 테니, 그 윗세대인 조부모의 미생물을 접하도록 하라는 말이다.

인간 사회도 다양한 사람들이 어우러져야 순환이 이루어지고 사람 사는 맛이 난다. 네트워크라는 관점에서 각 집단은 느슨하게 닫혀 있는 것이고, 그렇기에 집단 내에서 순환이 이루어진다. 이런 과정을 거쳐 집단 내에서 애착심이나 자부심, 존재감, 귀속감 같은 정신적 감로정이 농축된다.

하지만 현대사회는 모든 것이 단절되었다. 혹자는 소셜 네트워크를 통한 가상의 교류가 늘어나고 있다고 반박할 것이다. 하지만 이는 미생물의 교류가 없는 '부담'한 교류다. 대면 교류가 단절되면 순환이 이루어지지 않고 꽉 닫힌 시스템이 된다. 그 안에서 사는 사람이 건강할 수 없다.

## 반딧불이 사라진 미래는 깜깜

생물종의 다양성이 급감하고 있다. 현재 생물들의 멸종 속도는 과거 수천만 년 동안보다 수백 배, 아니 수천 배 빠르다. 환경학자들은 이미 6차 대멸종에 진입했다고 경고한다.[20] 포유류, 조류, 파충류, 양서류, 어류의 종 수는 불과 40년 만에 60%가 줄어들었고, 많은 종이 10년 안에 멸종될 것으로 보인다. 현재 곤충 종의 최대 40%가 멸종 위기에 처해 있다. 대표적으로 반딧불이 사라지고 있다. 이러한 생물종 다양성의 손실은 처참한 결과를 초래할 것이다. 이대로라면 우리뿐 아니라 지구상의 많은 생명이 소멸할 것이다.[21]

다양성의 중요성이 국제적인 공감대를 형성하면서, 1992년 6월 브라질 리우데자네이루에서 개최된 유엔환경개발회의UNCED에서 158개국 정부 대표가 생물다양성협약에 참여했다. 생물다양성에는 생물종 다양성, 생태계 다양성, 유전적 다양성이 포함된다.

생물종 다양성은 지구상 생물종의 다양성이고, 생태계 다양성은 한 생태계에 속하는 모든 생물과 무생물의 상호작용에 관한 다양성을 일컫는다. 유전적 다양성은 종 내의 유전자 변이를 말하는 것으로 같은 종 내의 여러 집단을 의미하거나, 한 집단 내 개체들 사이의 유전적 변이를 말한다. 즉, 다양한 다양성이 모두 중요하다.

5장

건강의
열쇠,

흙과 물

# 1 장내세균의 고향은 토양

## 토양-유래 장내세균과 내생포자

장내세균은 사람의 장에서만 사는 세균이 아니다. 모든 동물의 장에 있고 토양에도 풍부하게 존재한다. 사람의 장과 토양 모두에 존재하는 세균을 '토양–유래 장내세균soil-based organisms, SBOs'이라 부른다. 이들은 토양에 있을 때 식물이 곰팡이나 효모에 의한 오염에 잘 버티도록 도와주고, 사람의 장에 있을 때 장내 환경을 안정시키고 장점막을 튼튼하게 하며, 면역을 조절한다.

토양–유래 장내세균의 특징은 내생포자endospore를 형성할 수 있다는 점이다. 내생포자란 일부 세균이 극한의 환경에 처했을 때, 종의 보존을 위해 휴면상태에 들어가는 것을 말한다. 동면 상태의 세포라고 이해하면 쉽다.

내생포자는 수분이 거의 없으며 열에 대한 저항성이 매우 높고, 화학물질이나 방사선에 의해서도 쉽게 파괴되지 않는다. 수년에서 수 세기를 내생포자 상태로 버틸 수 있다. 그러다가 주변 환경이 좋아지면 수분을 흡수해 영양세포로 활성화된다.

모든 세균이 내생포자를 만들지는 않고, 전체 세균 속屬 중 50~60%가 내생포자를 만든다. 그런데 성인의 장내에 있는 세균의 대부분은 내생포자를 형성한다. 인류는 오랫동안 내생포자와 밀접하게 접촉하며 살아왔다. 토양 1g당 대략 $10^6$개의 내생포자가 존재하고, 사람의 분변 1g당 평균 $10^4$개의 내생포자가 존재한다고 하니, 눈에 보이지 않는 또 하나의 우주가 우리 옆에 있는 셈이다.

토양-유래 장내세균은 다양하면서 천천히 증식한다는 특징을 갖고 있다. 유산균이나 비피더스균 위주의 프로바이오틱스는 빠르게 증식함으로써, SIBO 증상을 악화시키기도 하고[1] 호전시키기도 하는[2] 등 효과가 일정치 않다. 이에 비해 토양-유래 장내세균은 소장에서는 증식하지 않고 대장으로 들어가서야 증식하기에 SIBO 환자에게도 문제가 없다.

또한 토양-유래 장내세균은 내생포자를 형성하므로 강산인 위산에도 끄떡없다. 위산에 약한 유산균과 다른 점이다. 프로바이오틱스 보조제에 바실러스bacillus 균주를 많이 사용하는 것은 바실러스가 내생포자를 형성하기 때문이다.

## 당산나무와 세피로트의 나무

지구상에서 가장 다양하고 풍부한 미생물 군집이 살아가는 곳이 토양이다. 흙 1g당 50,000종이 넘기도 한다. 현대인의 건강 문제는 다양한 미생물과의 연결이 끊어진 데서 비롯되는데, 그 해법의 중심에 '흙'이 있다. 토양에 존재하는 부티르산균은 사람의 장으로 들어와 소화를 돕고, 장벽腸壁의 밀착연접을 강화하며, 만성 염증을 줄이고 면역을 조절한다.

만성 염증은 알레르기 질환, 자가면역 질환, 심혈관 질환, 특정 유형의 암을 포함한 많은 질병의 주요 원인으로 꼽힌다. 토양−유래 장내세균은 만성 염증을 줄임으로써 삶의 질을 높이고 질병을 예방해준다.

단군신화는 환인桓因의 아들 환웅桓雄이 태백산 신단수神檀樹에 내려와 단군檀君을 낳았다고 기록하고 있다. 신화에는 환桓과 단檀이란 한자가 연속해 등장하는데, 여기서 환桓은 무환자無患子나무를 말하고 단檀은 당산나무, 즉 박달나무 혹은 느티나무를 말한다. 지금도 시골 마을에 가면 당산나무가 많이 남아 있다. 마을 어귀의 당산나무는 악귀를 쫓고 나쁜 기운을 막는 수호신 역할을 했다.

당산나무는 세계 곳곳에 존재한다. 아프리카에서는 오래된 바오밥나무를 신성시했고, 북아메리카 원주민(인디언)들도 당산나무를 가지고 있었다. 그들은 나무들이 공생하고 있으며 숲의 땅 아래에 그들의 연대를 지켜주는 어떤 힘이 작용하고 있다고 믿었다.

유대교의 신비주의 종파인 카발라는 '세피로트의 나무Sephiroth tree'라는 문양을 사용한다. 세피로트의 나무는 생명의 나무, 우

당산나무
Ingo Mehling Ⓦ

주 만물의 상호작용, 신과의 합일을 상징하는데, 이 문양이 균근 네트워크와 흡사하다.

## 인간의 뇌처럼 기능하는 균근 네트워크

시마드 교수의 관점에 따르면, 당산나무는 오래 묵은 나무, 즉 생태학적으로 어머니 나무다. 따라서 당산나무의 뿌리에는 엄청난 토양 미생물이 자리 잡고 있을 것이고, 내부에도 많은 내생균이 존재할 것이다.

인체 미생물총이 교란되고 다양성이 감소하면 병들게 된다. 그런데 인체 내에 존재하는 미생물들은 토양 미생물로도 식물의 내생균으로도 존재한다. 당산나무와 접촉해 이들 미생물과 교류하면 인체 미생물총이 다양해져 면역력과 치유력을 높일 수 있다. 장내세균총의 변화는 장-뇌 축gut-brain axis을 따라 뇌에도 영향을 미친다. 당산나무 아래에서 건강과 안녕을 빌었던 전통이 단순히 심리적 위안만을 위한 일이 아니었던 것이다.

시마드 교수는 인간의 뇌가 균근 네트워크와 닮았다고 말한다.

"땅속에서 중간 거점 나무들과 균근이 만들어낸 연결점들이 별자리처럼 이어져 있다. 균근 네트워크의 원천은 어머니 나무로서 모든 이웃을 연결하고 있으며, 뇌와 비슷하게 축삭axon, 시냅스synapse, 결절node 등으로 구성된 네트워크에서 중추적 연결 고리 역할을 한다. 균근 네트워크는 뇌의 신경전달물질과 유사한 화학물질로 서로를 인지하고, 서로와 소통하며, 서로에게 반응한다."[3]

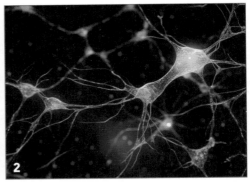

**1**
땅속 균근 네트워크
Vrx1234ⓓ

**2**
뇌신경 네트워크
Yulia Ryabokonⓓ

　뿌리–균근 네트워크, 장신경계–장내세균총, 두뇌–신경 시냅스, 이 셋은 모두 비슷한 역할을 하고 비슷한 시스템으로 움직인다. 토양과 인체(피부, 두뇌, 장)는 본질적으로 연결되어 있다. 그러니 건강한 흙과의 접촉을 통해 피부, 두뇌, 장의 문제를 동시에 해결할 수 있다.

# 2

# 맨발 걷기와
## 어싱 *earthing*

## 사람은 양전하 과잉 상태

최근 세계적으로 맨발 걷기 열풍이 불고 있다. 불면, 소화불량, 요통, 우울증, 자가면역 질환 등을 앓고 있던 환자가 맨발 걷기를 통해 호전된 사례가 많다. 북아메리카 원주민(인디언)에게는 몸이 아픈 사람을 몇 시간 땅에 파묻어두는 전통이 있다. 땅의 치유 능력을 믿었기 때문이다. 맨발이나 맨몸으로 흙을 접촉하는 것이 치유에 도움이 되는 이유는 무엇일까? 이를 전기의 관점에서 생각해보자.

인체는 전기로 움직이는 전도체인데, 인체 세포는 전기적으로 중성이 아니라 음전하를 띠고 있다. 인체 구성요소 중 일부는 양전하($H^+$ proton)를 띠지만, 이들은 대소변이나 땀, 날숨을 통해 바로 몸에서 배출된다.

인체는 늘 음전하 상태를 유지하기 위해, 양전하를 띠는 플러스

수소이온($H^+$)을 제거하려고 끊임없이 노력한다. 양전하가 과하게 늘어나면 염증이 생기고 질병이 발생하기 때문이다.[4] 하지만 현실에서 양전하는 과잉되기 쉽고 음전하는 부족하기 쉽다. 그런데 음전하를 아주 쉽게 공급받을 수 있는 곳이 우리 가까이에 있다. 바로 지구의 표면, 토양이다. 지표는 음전하를 띤 자유전자의 무한한 공급원이다.

## 인체는 전도체, 신발은 절연체

지구는 내핵, 외핵, 맨틀, 지각으로 구성되는데, 고온·고압 상태인 외핵에서 자유전자가 많이 만들어져 지표면은 음전하를 띠게 된다. 또한 태양풍이 지구 자기권으로 들어올 때나 천둥을 동반한 비바람이 불 때, 지구 대기 상층은 양전하를 띠고 지표면은 음전하를 띤다.

인체는 전기를 통과시킬 수 있으므로, 지표면과 접촉하면 별 다른 노력 없이도 음전하를 받아들일 수 있다. 이때 걷는 행위보다는 접촉이 중요하므로 '맨발 걷기'보다는 '접지接地' 또는 '어싱earthing'이라 부르는 것이 적합해 보인다.

인류는 수백만 년 동안 맨발로 걷거나 짚신, 가죽신, 나막신을 신고 걸었다. 또한 흙집, 초가집, 동물 가죽으로 만든 집에 살았기에 지표면의 풍부한 자유전자가 인체 내로 쉽게 유입되었다. 인체의 외부는 느슨하게 닫혀 있고, 인체 내부에서는 순환이 일어나는 상태였던 것이다. 인체의 모든 부위가 지구의 전위와 균형이 맞았으므로 각 장기와 조직, 세포의 생체전기 환경도 안정될 수 있었다.

그런데 19세기 후반 고무 밑창을 댄 신발과 석유화학 소재로 만들어진 신발이 대중화되면서, 사람들은 점차 지표면의 자유전자를 받아들일 수 없게 되었다. 짚신이나 가죽 신발은 전도체이지만, 고무나 플라스틱은 절연체다. 게다가 우리는 더 이상 흙 위에서 살지도 않는다.

인체 외부가 꽉 닫혀서 지표면과의 소통이 단절되었고, 인체 내부에서는 순환 장애가 생겼다. 최근 수십 년 동안 만성 염증성 질환과 자가면역 질환이 급증한 것도 이와 관련이 깊다.[5]


## 자유전자의 염증 개선 효과

맨발 걷기가 치유의 수단으로 등장한 것은 사람이 흙과 멀어지기 시작한 19세기 후반이다. 자연요법의 선구자인 독일의 세바스찬 크나이프Sebastian Kneipp 신부는 환자들에게 최소 하루 3번 야외에서 맨발 걷기를 하라고 강조했다. 그는 아침에 일어나서 이슬 맺힌 풀 위를 맨발로 걷는 것이 가장 좋으며, 그럴 수 없을 때는 빗물에 젖은 풀 또는 물을 뿌려 촉촉해진 풀 위를 걸으라고 했다.

이후 유럽과 미국에서 맨발 걷기가 주목받으면서 많은 연구가 이루어졌다. 어싱의 가장 큰 효과는 '염증 개선'이다. 어싱을 통해 유입된 자유전자가 염증을 없애주어, 염증으로 인한 다양한 질환이 개선되는 것이다.

전자적 균형 상태는 교감신경과 부교감신경을 조화롭게 하고 스트레스를 완화하며, 긴장된 근육은 이완시키고 무력한 근육은 강화한다. 또한 혈액 점도는 낮추고 산소포화도는 높여주어,[6] 상처가 빨리 아물고 체력이 회복된다. 고혈압 환자들을 대상으로 3개월 어싱을 하게 했더니 평균 혈압은 14.3%, 수축기 혈압은 8.6~22.7% 감소했다는 연구 결과도 있다.[7]

## 전기, 미생물, 지압의 3중 효과

지금부터 어싱이 왜 건강에 유익한지 3가지 관점에서 설명해 보겠다.

첫째, 앞에서 말한 전기적 효과다. 인체는 전도체이기에 두 발로 땅을 딛고 서 있으면 미세 전류가 흐르는데, 발과 땅 사이에 반드시 수분이 있어야 한다.[8] 크나이프 신부가 이슬 맺힌 풀밭을 걸으라고 한 이유다. 그는 젖은 돌 위를 걸으면 혈액이 발로 내려가서 전신 혈액 순환이 좋아진다고도 했다. 젖은 돌은 전기저항이 매우 낮아서 자유전자가 인체 내로 쉽게 유입된다.[9] 수분이 많은 진흙으로 목욕하면 류머티즘 관절염과 통증이 완화되고, 머드팩이 해열과 독감, 홍역, 성홍열 치료에 유용한 것도 같은 이유다.[10]

둘째, 미생물 효과다. 어싱을 통해 토양 미생물, 식물의 내생균, 곤충의 미생물과 교류할 수 있

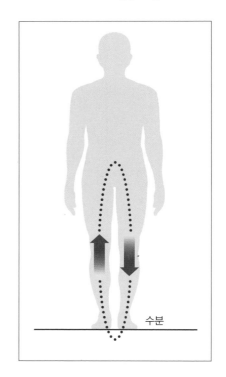

인체와 땅의
두 점 접촉을 통한
전류 흐름

수분

다. 다양한 미생물과 접촉할수록 개별 미생물로 인한 질병은 감소한다. 효과를 극대화하기 위해서는 미생물이 다양한 흙을 밟는 것이 좋다.

셋째, 지압 효과다. 자갈밭을 걸으면 발바닥의 혈자리 지압을 통해 전신 순환이 개선된다.

## 어싱과 코로나19

한때 우리의 삶을 송두리째 흔들었던 코로나19 바이러스도 어싱과 관련이 있다. 연구에 따르면, 지표면이 흙과 식물로 이루어진 시골에 사는 사람들이 콘크리트와 아스팔트 환경의 도시 사람들보다 코로나19의 감염률이 낮았다. 아마도 절연체로 이루어진 도시에 살면 양전하가 몸속에 축적되고 그것이 면역반응을 방해했기 때문일 것이다. 집 안에 격리된 코로나 감염자들은 상태가 더 악화되었을 수 있다.

세계보건기구WHO는 코로나19 증상이 소실되는 데 평균 14일이 걸린다고 했다. 그런데 어싱을 했더니 이 기간이 평균 9일로 단축되었다. 이라크의 한 코로나19 환자는 산소발생기를 부착한 상태에서도 산소포화도가 38%밖에 되지 않았다. 이 환자가 구리 접지판을 통해 어싱한 다음날부터 상태가 호전되었다. 산소발생기 부착 상태에서 산소포화도가 95%, 부착하지 않은 상태에서 77%가 되었으며, 3일 뒤 산소포화도는 정상으로 회복되었다.[14]

코로나19는 바이러스, 즉 미생물이 원인이다. 코로나19의 예방과 치료에 어싱이 좋은 것은 당연한 이치일 것이다.


## 식물의 수승화강 vs 사람의 화승수강

한의학에 관심이 없더라도 '수승화강水升火降'이란 말을 한 번쯤 들어보았을 것이다. 물은 위로 올라가고 불은 아래로 내려간다는 뜻이다.

식물은 햇볕으로 광합성을 해서 그 영양분을 땅속으로 내려보내고, 토양에서 얻은 물을 지상으로 끌어올려 증기로 배출한다. 이렇게 햇볕火이 내려가고 물水이 올라가는 '수승화강'이 되어야 순환이 잘 이루어지는 상태, 즉 느슨하게 닫힌 순환 시스템이 가동된다. 사람 역시 수승화강이 되어야 건강하다. '머리는 시원하게, 배는 따뜻

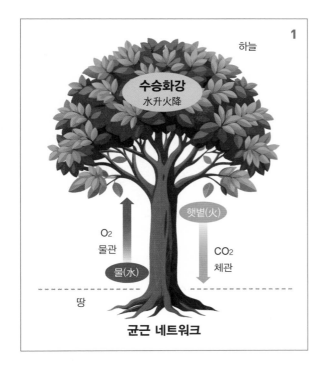

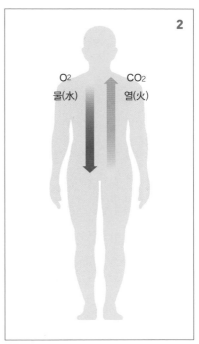

**1**
식물의
수승화강 구조

**2**
사람은 '화승수강'이
되기 쉽다.

하게' 하는 것이 좋다는 뜻이다.

　그런데 나무가 노화되면 열火은 위로 뜨고 진액水은 아래로 샌다. 지상부가 시들고 열매를 맺지 못하다가 결국 말라 죽는다. 사람도 나이 들면 열火은 위로 뜨고 진액水은 소변과 진땀으로 빠져나가 피부와 모발, 각막, 호흡기가 건조해진다. 이런 병적 상태를 '화승수강 火升水降'이라 한다. 즉 순환이 막힌 상태, 꽉 닫혔거나 완전히 열린 상태다.

　사람과 식물은 같은 점도 있지만 다른 점도 있다. 땅속에 뿌리내린 식물은 수분을 쉽게 공급받으므로 수승화강이 쉽다. 반면 사람은 산소와 물水을 마셔서 아래로 내려보내고 이산화탄소를 위로 끌어올려 배출하므로, 위로 열火이 뜨는 화승수강이 되기 쉽다. 500년 이상 사는 나무가 많은데 사람은 고작 100년도 못 사는 이유다.

게다가 좋은 산소와 물을 마실 기회가 줄고, 스트레스와 도시화로 열火은 더 쉽게 뜨는 상황이다. 지표면의 자유전자가 인체로 들어와 음전하를 보충해 줘야 하는데, 도시의 지표면은 콘크리트와 아스팔트로 덮여 있고 맨발로 걸을 일이 없으니 이 또한 어렵다. 현대인에게 화병과 염증이 많은 이유다.

어싱의 미생물 효과

## 숲에서 맨발로 서 있기만 해도

열에 뜬 사람이 숲(느슨하게 닫힌 시스템)에 들어가면 인체 내의 수승화강이 이루어져 화火가 내려간다. 또한 맨발로 땅을 밟으면 지표면의 자유전자가 들어오면서 수승화강이 이루어진다. 사람이 식물과 흙을 가까이하면 정서적 안정만 얻을 수 있는 것이 아니다. 식물과 토양 미생물, 자유전자의 도움으로 몸도 치유된다. 다시 말해 화승수강 상태에서 수승화강 상태로 전환된다.

균근의 존재 목적은 식물에게 수분을 공급하는 것이다. 사람도 마찬가지다. 숲에서 맨발로 균근 네트워크와 접촉하면 물水과 자유전자가 올라오면서 수승화강이 이루어지고, 인체의 느슨하게 닫힌 순환 시스템이 회복된다.

어싱은 토양 미생물을 인체의 피부 미생물과 연결시켜 준다. 피부 미생물은 장내세균과 연결되고, 장내세균은 장-뇌 축gut-brain axis을 통해 뇌와 연결된다. 이런 이상적인 상태에서는 건강상의 문제가 동시에 해결된다. 화가 가라앉으면 불면증과 화병, 우울증이 개선되고, 장내세균이 반응해서 배의 율동이 회복되면 소화도 잘된다. 피부 미생물이 반응해서 피부의 열이 가라앉으면 피부병이 개선되고 상처도 잘 아문다.

# 3 물의 4번째 상태, EZ 물

## 액체도 고체도 아닌

물이 중요하다는 얘기는 더 이상 할 필요가 없다. 신생아 때는 인체의 90%가 물이고 노년이 되면 물의 비율이 50%로 떨어지는 것을 보면, 노화는 곧 건조라고 할 수 있다. 그런데 화학구조식이 $H_2O$라고 다 똑같은 물이 아니다. 물 입자 하나하나는 살아 있는 개체여서 제각각 다른 모양과 운동성을 띠고, 조건에 따라 끊임없이 변한다.

2013년 워싱턴대학교 제럴드 폴락Gerald Pollack 교수는 '물의 4번째 상태'에 대한 혁명적인 논문을 발표했다. 우리는 물이 수증기, 물, 얼음이라는 3가지 상태로 존재한다고 배웠다. 그런데 '액체-결정체liquid-crystalline'라는 제4의 상태, 즉 젤리처럼 끈끈한 액체 상태가 있다는 것이다.

수증기는 물 분자 사이의 간격이 매우 넓은데, 수증기가 물이 되면 분자 사이의 간격이 좁아진다. 물이 얼음이 되면 오히려 간격이 넓어지면서 부피가 증가하고 밀도가 낮아진다. 물의 4번째 상태는 액체 상태이면서 물 분자 사이의 간격이 매우 좁고 밀도가 높은 것이 특징이다.

## 햇볕이 물을 음과 양으로 쪼개다

물을 4번째 상태로 만드는 힘은 태양 복사 에너지다. 태양의 모든 파장(자외선, 가시광선, 적외선)이 물을 4번째 상태로 만들 수 있지만, 그중에서도 근적외선이 가장 강력하다. 태양 복사 에너지가 물에 흡수되면 친수성 막의 도움을 받아 물 분자를 쪼갠다.

쪼개진 분자 중에 음전하를 띤 부분이 친수성 막에 모여 하나의 블록을 형성하면서, 양전하 부분과 물에 녹아 있는 용매를 블록 밖으로 강하게 몰아낸다. 이때 음전하 블록을 배타 구역EZ: exclusion zone이란 의미에서 EZ 블록이라 부른다. EZ 블록에서 내몰린 양전하는 다른 물 분자와 결합해서 $H_3O^+$(하이드로늄) 자유 이온이 되어 물 전체로 퍼진다(뒤의 그림 참조). 물의 4번째 상태가 중요한 것은 그 상태에서 다양한 일이 가능하기 때문이다.

식물의 경우, 물관과 체관에서 물과 양분이 더 잘 이동하게 할 수 있다. 100미터 이상 자라는 나무는 기존 과학 원리로 설명하기 어렵다. 모세관현상으로는 물을 1미터 이상 끌어올릴 수 없고, 증산 작용과 삼투압까지 적용한다 해도 100미터는 불가능한 수치다. 이것이 가능한 것은 오로지 EZ 블록 덕분이다. 물관의 친수성 막 표면에

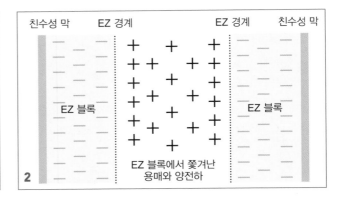

친수성 막　　　EZ 경계　　　　　EZ 경계　　　친수성 막

**1**

**2**

EZ 블록

EZ 블록에서 쫓겨난
용매와 양전하

EZ 블록

**1**
일반적인 물의 전하

**2**
EZ 블록을 경계로
전하가 분리된 물의
4번째 상태

음전하를 띤 EZ 블록이 형성되면서 양전하가 물관의 중앙으로 내몰리는데, 이들 양전하끼리 서로 반발하면서 물을 높이 끌어올리는 것이다.

## EZ 블록이 만든 치유의 물

대기 중에는 에어로졸 상태의 작은 물 입자들이 존재한다. 물 입자의 중심에 $H_3O^+$ 이온들이 모여 있고, 그 주위를 EZ 블록이 껍질처럼 둘러싸고 있다.[15] 중심에 모인 $H_3O^+$ 이온들이 서로 밀쳐 내면서 압력이 생기는데, 이 압력이 EZ 블록 껍질을 밖으로 밀쳐 내면서 물 입자는 전체적으로 공 모양을 이룬다.

EZ 블록을 형성한 물을 'EZ 물'이라고 한다. 양전하와 음전하가 분리된 EZ 물은 질서정연해져서 물 분자 사이의 간격이 줄어든다. 따라서 끈끈하고 밀도가 높다. 물이 섭씨 4도에서 밀도가 가장 높은 것도 EZ 물의 비율이 가장 높기 때문이다.[16]

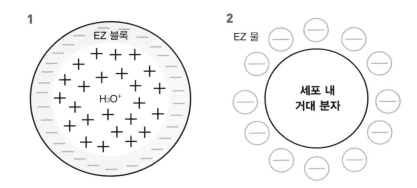

**1**
에어로졸 물 입자의
**EZ 블록**

**2**
EZ 물은 세포 내
거대 분자를
둘러싼다.

우리나라 각지의 유명 약수와 루르드 성수 같은 치유의 물은 대개 땅속 깊은 곳에서 올라온 지하수이거나 석간수, 빙하가 녹은 물이다. 지하수는 땅속 압력을 받아 밀도가 높고, 석간수는 바위의 미네랄이 녹아 밀도가 높은데, 밀도가 높다는 것은 EZ 물의 비중이 높다는 말과 같다. 따라서 치유의 물에는 미네랄 성분이 많이 함유되었을 뿐 아니라 EZ 물의 비중도 높다고 이해하면 된다.

EZ 물은 일반 물보다 세포 조직에 잘 흡수된다. 쌍극자 모멘트 dipole moment(양전하와 음전하 구조에서 생기는 벡터 양)가 높기 때문인데,[17] 그 원리까지 자세히 알 필요는 없다. EZ 물이 인체 내에 들어오면, 세포의 모든 거대 분자를 촘촘하게 둘러싸서 세포가 가장 잘 작동하게 만든다. 야외에서 햇볕을 쬐면 기분이 좋아지는 것은 태양의 복사 에너지가 우리 몸속 수분을 EZ 물로 만들기 때문이다.

## 모세혈관도 식물의 물관처럼

　　말초 혈행이 원활하지 않으면 손발이 저리거나 수족냉증이 생기기 쉽다. 인체의 말단으로 갈수록 모세혈관이 좁아지면서 혈액의 흐름은 강한 저항에 부딪힌다. 백혈구나 적혈구가 모세혈관보다 커서 통과하기 힘든 경우도 있다. 모세혈관 안에서는 혈압 차이가 거의 없으므로 뒤에서 밀어주지도 못한다. 그래서 말초 혈액 순환 장애가 생기는 것이다.

　이런 장애는 복사 에너지의 도움으로 해결된다. 복사 에너지가 혈액 속 수분을 'EZ 물'로 변환시키면 모세혈관벽(친수성 막)에는 음전하가, 모세혈관 중앙에는 양전하가 모인다. 모세혈관 중앙에 모인 양전하들은 서로 반발해서 추동력을 만든다. 혈액이 흐르던 방향으로 순조롭게 흐르고 결과적으로 심장의 부담이 줄어든다.[18]

　음전하를 띤 EZ 물은 여러모로 사람의 건강에 이롭다. 제럴드 폴락 교수는 "인체는 마치 음전하 유지가 생명의 목표인 양 작동한다"

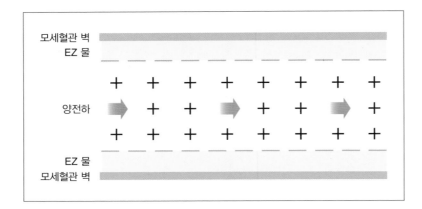

EZ 물과
모세혈관의 혈액 순환

라고 말했다.[19] 인체는 양전하가 과잉되기 쉽기 때문이다. 식물에게도 양전하가 생기지만, 음전하를 띤 땅에 바로 연결되어 있어서 과잉된 양전하를 처리하기가 한결 쉽다. 식물보다 활동량이 월등히 많은 사람과 동물은 양전하가 과잉되기 쉽고 땅과 직접 연결되어 있지도 않다. 자유전자의 무한한 공급원인 '지표면'과 음전하를 띤 'EZ물'이 현대인의 건강을 지켜줄 구원투수로 부상하고 있다.

# 4

# 아침이슬과
# 갯벌의 공통점

## 아침이슬, 그 출생의 비밀

이른 아침, 풀잎 가장자리마다 크고 둥근 이슬방울이 매달려 있는 모습을 본 적이 있을 것이다. 그 어떤 기술자도 풀잎 끝에 물을 묻혀서 이슬처럼 대롱대롱 매달리게 할 수 없다. 빗물역시 이슬처럼 맺히지 못하고 흘러내린다. 이슬은 대기 중의 수증기가 맺힌 물이 아니라, 땅에서 끌어올려진 물이기 때문에 가능한일이다.

밤이 오면, 어머니(뿌리 깊은) 나무들은 균근 네트워크의 도움을 받아 땅속 깊은 곳의 지하수를 지표 가까이 끌어올려 주변 식물의 뿌리에 공급한다. 식물들은 이 지하수를 뿌리, 줄기, 잎자루로 끌어올려 잎의 구멍을 통해 배출한다.

낮에는 잎 뒷면에 있는 기공을 통해 수분을 배출하는데, 밤에 기온이 내려가 기공이 닫히면 잎의 가장자리에 있는 수공水孔을 통해 수분을 배출한다. 아침에 잎 가장자리를 따라 큰 이슬이 맺히는 이유다. 이슬은 밀도 높은 지하수, 즉 EZ 물이어서 둥글고 탱글탱글하다.

가끔 결로와 이슬을 혼동하는 사람이 있다. 새벽에 대기 중의 수증기가 잎 표면에 맺힌 것이 결로인데, 결로는 지상의 물이기에 잎 가장자리에 맺히지 않는다.

그런데 왜 이슬은 새벽이 아니라 아침에 맺힐까? 앞에서 EZ 물의 형성에 가장 강력한 영향을 미치는 것이 근적외선이라고 했다. 태양 복사 에너지 중 근적외선의 비중이 가장 높을 때가 일출부터 아침 9시까지다. 비가 오거나 흐린 날에는 이슬을 보기 힘들다. 맑고 기온이 낮은 아침에 햇볕이 강하게 쬘 때 이슬이 가장 잘 맺힌다.

근적외선을 받은 EZ 물은 물관을 타고 잎 가장자리까지 힘차게 올라가, 크고 탱글한 이슬을 맺는다. 높은 나무 꼭대기까지 물이 올라가고, 좁은 모세혈관을 큰 혈구가 통과하는 것은 같은 이치다. 아침에 이슬 맺힌 풀밭을 걸으면 '어싱, 미생물, EZ 물'의 시너지 효과로 몸에 음전하를 가득 흡수할 수 있다.

**1**
잎 가장자리에
맺히는 이슬

**2**
잎 전면에 맺히는
결로

## 크나이프 신부의 물요법

땅속과 식물의 내부, 다시 땅속을 느슨하게 닫힌 채 매일 순환하는 것이 이슬이다. 그래서 이슬은 감로정으로 작용한다. 이슬은 깊은 땅속에서 올라와 식물의 뿌리, 줄기, 잎, 꽃잎을 거치면서 토양 미생물과 내생균, 대사물질, 미네랄을 가득 담고 있다. 이슬이 눈의 미생물총과 반응하면 눈이 촉촉해지고, 피부 미생물총과 반응하면 피부가 촉촉해지고, 구강 미생물총과 반응하면 침샘에서 침이 나오게 한다. 이것이 바로 이슬요법이다.

크나이프 신부는 맨발 걷기뿐 아니라 물로 몸을 적시는 물요법도 체계화했다. 그는 물요법 후 피부에 남은 물방울은 수건으로 닦지 말고 자연 건조시키라고 했다. 물요법 중에 그냥 흘러내리는 물은 점도가 낮지만, 피부에 마지막까지 남아 방울진 물방울은 이슬처럼

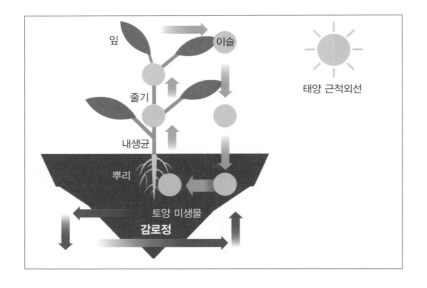

이슬의 느슨하게
닫힌 순환 시스템

## 한의학의 정精과 EZ 물

어릴 때는 정(精)이 충만하다가, 나이가 들면 정(精)이 쇠퇴하면서 뇌수가 빠지고 눈이 나빠지며 척수가 쪼그라든다는 말이 있다. 한의학에서 자주 등장하는 정(精)은 생명 활동의 근원이 되는 에너지를 말하는데, 음의 성질을 가지며 응축되어 밀도가 높은 것이 특징이다. EZ 물의 개념과 상당히 유사하다.

정(精)이 응집된 곳은 뇌, 눈, 디스크와 같은 인체의 핵심 부위인데 모두 원형이나 구의 형태를 띤다. 에너지 소모가 많아 양전하가 많아지기 쉬운 부위이다 보니, EZ 물을 끌어당겨 양전하를 상쇄하려는 것이다. EZ 물이 많아지면 뇌와 눈의 혈액 순환이 개선되고, 뇌척수액 순환도 원활해진다.

뇌와 눈은 인체의 가장 위쪽에 있으므로 중력을 거슬러 정을 보충해야 한다. 식물의 물관이 EZ 블록을 형성해 물을 높은 곳까지 끌어올린 후 이슬을 맺는 것과 같은 개념이다. 따라서 이슬에는 뇌와 눈을 보충하는 효과가 있다. 『동의보감』도 '이슬은 오장을 보충하고, 몸의 진액이 말라가는 것을 보충하며, 눈을 밝게 한다'라고 말하고 있다.

EZ 물의 비중이 높다. 인체를 최대한 오래 EZ 물에 노출시켜 음전하를 받아들이라는 말이다.

## 갯벌과 EZ 물

갯벌은 육지와 바다의 경계다. 바닷물은 육지로 올라왔다가 다시 내려가기를 반복한다. 육지의 지표를 지피식물이 뒤덮듯이, 갯벌은 염생식물이나 플랑크톤이 뒤덮는다. 갯벌 흙 1g당

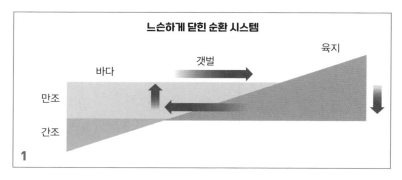

수억 마리의 식물성 플랑크톤이 살고 있는데, 이들이 배출하는 산소의 양은 어마어마하다. 진정한 지구의 허파라 할 수 있다.

풀과 나무의 이슬이 수직 방향으로 작동한다면, 갯벌은 수평 방향으로 작동하는 순환 시스템이다. 순환을 반복하면 감로정이 생기기에, 이슬과 마찬가지로 갯벌도 끈끈하다. 서해안 갯벌을 걸으면 펄이 찰거머리처럼 달라붙어 발을 떼기도 힘든데, 썰물 때 갯벌은 점도가 매우 높은 EZ 물로 가득하기 때문이다. 감로정이 많으면 토양 미생물이 풍부해지듯, EZ 물이 가득한 갯벌은 해양 생물과 미생물의 보고이다.

# 5

## 흙과 면역

### 천식과 알레르기 질환의 뿌리

생쥐를 넣어둔 케이지에 흙을 깔아주었더니, 쥐의 장내세균총에 토양-유래 장내세균이 증가했다는 실험 결과가 있다. 생쥐에게 인위적으로 천식을 유발시키면, 알레르기 반응이 나타나면서 장내세균총 조성이 현저히 변한다. 그런데 케이지에 흙을 넣는 것만으로 장내세균총의 변화가 줄어들고 알레르기 반응도 한결 완화되었다는 것이다.[20]

이 실험을 통해 토양 환경이 장내세균총과 면역 체계에 큰 영향을 미친다는 사실을 알 수 있다. 야외에서 흙을 접하며 성장한 돼지는 면역력에 문제가 없는데, 실내에서 키운 돼지는 장내세균총이 정상적으로 자리 잡지 못하고 면역 항상성이 손상되었다.

오랜 세월 인류는 흙과 연결되어 있었으므로, 풍부한 미생물과 함께 살면서 적합한 장내세균총을 구성하고 면역도 안정적으로 조절

할 수 있었다. 그런데 현대 도시
환경은 흙과의 단절이 특징이다.
시골에서조차 제초제, 농약, 합
성비료 등의 영향으로 토양 미생
물들이 사라지고 있다. 이렇게
토양의 생물다양성이 감소하면

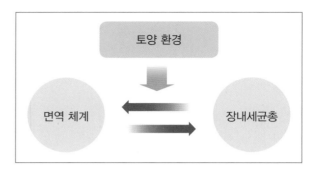

토양 내에 병원균과 항생제 내성균, 메탄영양세균이 증가한다. 인체
역시 장내세균의 다양성과 유익균이 감소하면서 천식, 알레르기 질
환, 감염병이 증가한다.[21] 실제 도시에 사는 어린이의 알레르기 민감
성과 천식 유병률이 현저히 높다.[22]

면역 체계와
장내세균총,
토양 환경

　시골에서 농사를 짓더라도 흙을 접촉하는 정도에 따라 인체는 다
르게 반응한다. 미국의 종교공동체인 아미시Amish파와 후터Hutterite

도시에서도 토양은
생물다양성의
주요 저장소[23]
Sun, Xin, et al

파 사람들은 유전적으로 비슷하고 시골에 거주하며 농업에 종사한다는 점이 같다. 다만 아미시파는 전통 농법으로 흙을 접촉하며 농사짓고, 후터파는 기계로 농사를 짓는다.

2016년 연구에서, 아미시파 어린이의 천식 유병률은 후터파 어린이의 1/4, 알레르기 민감성은 후터파 어린이의 1/6밖에 되지 않았다.[24] 이처럼 흙을 접촉하는 환경은 건강에 매우 유익하다. 특히 영유아 시기의 환경은 이후 성인 장내세균총 조성과 장점막 면역에 큰 영향을 미치기에 더더욱 중요하다.[25] 흙과 토양 미생물, 인간의 장내세균총은 긴밀한 접촉을 통해 서로를 보충해 주고 있다.[26]

## 핀란드 어린이집 연구

핀란드에서 어린이집을 대상으로 생물다양성을 연구했다. 도시 어린이집은 마당에 자갈과 흙만 있고 식물이 거의 없었다. 실험용으로 만들어진 어린이집은 오래된 숲에서 가져온 지표층과 식물, 잔디로 마당을 덮었다. 두 어린이집 아이들에게 똑같은 음식을 제공했고, 똑같은 시간 동안 마당에서 놀게 했다.

28일 후, 아이들의 인체 미생물을 세균 위주로 검사했다. 도시 어린이집 아이들보다 실험용 어린이집 아이들의 피부 세균총이 더 다양하고 풍부했다. 다양하다는 것은 세균의 종이 많은 것이고, 풍부하다는 것은 세균의 숫자가 많은 것이다.

장내세균총 검사에서도 실험용 어린이집 아이들은 부티르산균의 다양성이 증가했다. 또한 혈액검사에서 인터루킨-17A$_{\text{IL-17A}}$가 감소

**1**
도시 어린이집의
마당
1701200801ⓓ

**2**
자연 속의 마당
Trygve Finkelsenⓓ

했는데, 이는 만성 염증성 질환과 자가면역 질환을 악화시키는 물질이다. 단지 풀밭에서 뛰어놀기만 했는데 생긴 차이였다.

이뿐만이 아니다. 실험용 어린이집 아이들의 혈액에서 조절 T세포의 비율 및 TGF-$\beta$1이 증가했다. 조절 T세포는 만성 염증성 질환 및 알레르기 질환, 자가면역 질환을 예방하고, TGF-$\beta$1은 상처를 치유하고 면역 체계를 조절한다.[27]

실험을 통해 흙이라고 해서 다 똑같은 흙이 아니란 사실을 알 수 있다. 생물다양성이 풍부한 흙과 접촉하면 피부 미생물총과 장내세균총이 다양하고 풍부해지며 면역력에 영향을 미친다. 그렇다면 생물다양성이 풍부한 흙이란 무엇일까? 숲이나 지피식물로 느슨하게 닫힌 채 토양 내부가 순환하는 곳의 흙, 균근 네트워크가 발달한 흙, EZ 물을 많이 머금은 흙이다.

## 생물다양성이 풍부한 흙

토양의 생물다양성은 생명체에 매우 중대한 영향을 미치므로, 어싱을 할 때도 좋은 흙을 선택해야 한다. 여기서 좋은 흙이란 미생물이 다양하고 EZ 물이 풍부한 흙을 말한다. 미생물이 다양하려면 숲이나 지피식물로 덮인 곳이 좋고, EZ 물이 풍부하려면 균근 네트워크가 발달해 이슬이 잘 맺히는 곳이 좋다.

균근 네트워크가 공급하는 물은 지하 깊은 곳에서 땅의 압력을 뚫고 나온 것이므로, 점도가 높은 EZ 물의 비중이 높다. 어싱은 토양, 식물, 곤충, 미생물, 그리고 EZ 물과의 접촉이란 다층적 관점에서 접근해야 한다.

물론 토양과의 접촉이 꼭 좋은 것만은 아니다. 기생충이나 병원성 미생물에 감염될 수도 있고, 진드기에게 물릴 수도 있고, 장내세균총이 교란될 수도 있다. 토양에는 항생제 내성균도 존재하고, 납이나 수은 등 독성물질도 있다. 하지만 현대인에게는 토양 병원균 접촉의 위험보다 토양 미생물과의 단절로 인한 위험이 훨씬 크다. 감기 바이러스가 무섭다고 병원 무균실에 갇혀 살 수는 없지 않은가. 좋은 토양 환경을 찾고 접촉을 늘리려는 노력을 해야 한다.

6장

도시인을
위한

생태치유

# 1

# 내 몸이
# 원하는 곳

## 바깥이 순환하면 인체도 순환한다

인류가 수백만 년 동안 접해 왔던 흙과는 연결이 끊어졌고, 그나마 남아 있는 흙은 오염되었다. 다양했던 동식물, 미생물을 이제 찾아보기조차 어렵게 되었다. 현대 도시인의 삶은 아파트로 대변된다. 사방이 콘크리트로 막힌, 꽉 닫힌 폐쇄 시스템이다. 인체에 들어오는 모든 자극도 자연에서 인공으로 바뀌었다. 인공조명과 오염된 공기, 인공 음향, 가공식품, 정수된 물 등은 인체 시스템을 더욱 꽉 막히게 하거나 완전히 열리게 만든다.

도시환경에서 벗어나 느슨하게 닫힌 채 순환하는 생태환경에 들어가는 것만으로 인체 내부가 순환하면서 치유력이 높아진다. 느슨하게 닫힌 순환 시스템이 길러낸 먹거리를 먹는 것만으로도 시스템이 만든 감로정을 취할 수 있다.

스트레스와 과로로 인체 내부가 순환하지 않으면 눈과 입이 마르

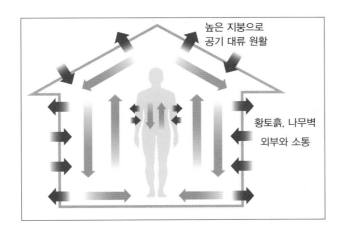

한옥 황토방과
인체의 순환 시스템

높은 지붕으로
공기 대류 원활

황토흙, 나무벽
외부와 소통

고 소화가 되지 않는다. 이럴 때 숲으로 가면 눈물과 침, 위산 분비가 촉진된다. 숲의 흙을 밟으며 잠깐만 걸어도 손발이 촉촉해진다. 산과 숲, 바닷가, 동굴에 가면 자신도 모르게 호흡이 깊어진다.

아토피성 피부염 환자에게 황토방이 좋다고 한다. 아토피는 피부가 두꺼워져 꽉 닫힌 증상이고, 전통 한옥의 황토방은 벽이 숨 쉬는 느슨하게 닫힌 순환 시스템이다. 제대로 작동하는 시스템 안에 들어가면 인체 역시 제대로 작동하기 시작한다.

## 인체가 아닌 미생물이 반응한다?

황토방이나 자연휴양림에서 며칠 지내면 몸이 가뿐해지는 것을 느낄 수 있다. 수목원에서 몇 시간만 걸어도 기분이 상쾌해진다. 사람 몸이 환경에 따라 이렇게 빨리 변할 수 있는 걸까? 사람과 동식물의 핵 속에 있는 유전 정보인 게놈(모든 유전 정보가 들어 있는 유전자의 집합체)은 그렇게 빨리 변할 수 없다. 그런데 공생 미생물의 게놈은 몇 시간에도 충분히 변한다.

생태 치유가 가능한 것은 공생 미생물의 발 빠른 변화 덕분일 수 있다.[1] 내 몸이 그 생태환경에 적응하는 것이 아니라, 내 몸의 공생 미생물이 그 생태환경에 빠르게 적응해서 치유 효과를 낸다는 뜻이다. 나의 공생 미생물이 변하면 그 영향력은 전신에 미친다.


## 유럽의 생태치유 역사

생태치유의 역사는 생각보다 길다. 독일에는 350여 개의 쿠어오르트kurort가 존재하는데, 18세기부터 이어져 온 휴양 겸 치유 단지를 말한다. 여기서 다양한 질환을 치료 및 치유하고 재활하며, 의료행위는 의료보험의 적용을 받는다. 독일에서만 연 40조 원의 매출을 기록하고 있으며, 45만여 명의 고용 창출 효과도 보고 있다. 유럽의 다른 나라에서도 고산이나 갯벌, 해안, 온천, 동굴, 숲 등 다양한 생태환경에서 환자를 치료하고 치유를 돕는다.

생태치유에서 주의할 점은 급작스러운 변화를 피해야 한다는 것이다. 치유 효과가 있는 것 같다고 다음날부터 시간과 강도를 몇 배로 늘리다가, 오히려 증상이 나빠질 수 있다.

**1**
독일 바트 베르트리흐(Bad Bertrich)에 위치한 쿠어오르트
Markusvolk①

**2**
오스트리아의 바트 가슈타인(Bad Gastein) 라돈 동굴
Karl Gruber⑩

생태치유는 공생 미생물을 통해 몸에 자극을 주는 행위다. 젊은 층이라면 자극을 견뎌내겠지만, 허약한 사람이나 노인에게는 큰 부담이다. 심한 운동을 했을 때 젊은이는 곯아떨어지지만, 어르신들은 밤새 끙끙대는 것도 같은 이유다. 생태치유도 몸이 받아들일 수 있을 정도로 시작해서 시간과 강도를 서서히 늘려야 한다.

# 2

# 박쥐의 장수 비결,
# 동굴 치유

## 동굴 속 올챙이의 변화

예로부터 동굴에 들어가서 병을 고치고 심신의 안정과 종교적 깨달음에 도달한다는 이야기가 많이 전해진다. 실제로 오스트리아의 치유 시설인 바트 가슈타인Bad Gastein에서는 동굴 속에서 뿜어져 나오는 라돈을 이용해 관절염, 피부병, 알레르기 질환, 만성 호흡기질환 등을 치료하고 있다. 폴란드 비엘리츠카Wieliczka 소금 광산에서는 호흡기 질환과 알레르기 질환을 주로 치료한다. 독일과 동유럽 각지에서 소금 동굴 요법을 통해 만성 폐쇄성 폐질환이 개선된 사례가 보고되고 있다.[2]

그렇다면 동굴 환경은 생명체에게 어떤 변화를 일으킬까? 동굴 속에 사는 올챙이의 장내세균총이 어떻게 변하는지를 연구한 2024년 논문이 있다. 일반적인 환경에서 사는 올챙이에 비해 동굴 올챙이의 장내세균총은 섬유 분해 효소와 당 분해 효소, 발효 효소를 더 많이 보유하고 있었다. 더 많은 단쇄지방산SCFA을 생성해 본체에 영양분을 공급해 준 것이다. 먹이를 주지 않았을 때, 일반 올챙이는 장이 위축되었지만 동굴 올챙이는 그렇지 않았다.[3]

다른 연구에서도 동굴 생물들은 소화 효율을 높이고 대사율을 감소시키며, 지방의 저장은 증가시키는 방법으로 먹거리가 부족한 동굴 환경에 적응했다. 동굴 생물의 게놈이 변화된 것이 아니라, 그들의 공생 미생물이 발 빠르게 변화해서 동굴 환경에 적응했던 것이다. 소화 효율이 높아지고 대사율이 낮아지면, 거북이나 소식하는 사람처럼 슬로 라이프slow life를 누리며 장수하게 된다.


## 동굴에서 깨달음을


우리나라의 대표적 동굴로는 설악산 금강굴, 경주 석굴암이 있고 중국에는 돈황 석굴, 용문 석굴, 운강 석굴 등이 있다. 불교의 발원지인 인도에도 아잔타 석굴, 우아랑가바드 석굴 등이 있다. 불교뿐 아니라 초기 기독교에도 석굴 유적이 있다. 터키의 괴레메 석굴 교회, 마리아 석굴 교회 등이 대표적이다. 그 옛날 석굴을 만들려면 지금은 상상하기 힘든 노력과 희생이 따랐을 것이다. 아마도 선조들은 돌의 무거운 기운을 받아 마음을 가라앉히고 깨달음에 이를 수 있다고 굳게 믿었기 때문에 그 같은 어려움을 감수했을 것이다.

## 작은 박쥐가 40년을 사는 이유

　　대표적인 동굴 생물인 박쥐에 대해 알아보자. 『동의보감』은 '종유석 동굴의 박쥐는 종유석의 즙액을 먹고 천년을 사는데 복식호흡을 하기 때문이다. 동굴 속에 거꾸로 매달려 있는 것은 뇌가 무겁기 때문이다'라고 기록하고 있다.

　　실제로 박쥐가 천년을 살 리도 없고 백 년도 살지 못하는 인간이 그것을 확인할 수도 없는데, 동의보감은 왜 이렇게 표현했을까? 박쥐는 포유류인데, 포유류는 몸집이 클수록 신진대사가 느려져 그만큼 오래 살 수 있다. 이것을 스케일링 법칙scaling law이라고 한다. 동물의 몸집이 2배 커질 때 대사율은 2배(100%) 증가하는 것이 아니라 75%만 증가한다. 즉 크기가 2배 커질 때마다 에너지는 25% 절약되는 셈이다.

　　코끼리의 세포 수는 쥐에 비해 1만 배 많다. 스케일링 법칙에 따르면, 코끼리 세포 하나가 쓰는 에너지는 쥐 세포의 10분의 1밖에 안 된다. 그래서 쥐는 1~2년을 살고 코끼리는 60~70년을 사는 것

동굴 속에 거꾸로
매달린 박쥐
Gilles San MartinⓌ

이다. 그런데 여기에 예외가 있다. 사람은 몸집에 비해 상당히 장수하는 동물이다. 그런데 몸집 대비해 사람보다 오래 사는 포유류가 19종 존재한다. 그리고 그 중 18종이 박쥐다.

　　어떤 종의 박쥐는 몸무게가 7g밖에 안 되는데 40년 이상 살

기도 한다. 요가에서 양다리를 양옆으로 곧게 뻗은 자세를 박쥐 자세라고 하는데, 복식호흡에 도움이 된다. 박쥐처럼 물구나무를 서는 것도 좋다. 박쥐는 동굴에 살면서 복식호흡을 함으로써 장내세균총이 활성화되고, 장수에 도움이 되는 부티르산 등 단쇄지방산을 많이 만든다. 박쥐가 오래 사는 비밀이 여기에 있다.

사람도 동굴에 들어가면 저절로 복식호흡이 이루어진다. 장내세균총이 활성화되고 장-뇌 축gut-brain axis을 통해 뇌가 각성된다. 인류의 선조들은 이런 메커니즘을 몰랐겠지만, 경험적으로 동굴 환경이 치유와 깨달음을 얻기에 좋다는 사실을 알았던 것이다.

## 토굴은 소화기 질환, 종유석 동굴은 폐 질환

동굴의 구조는 입구와 여러 개의 공기 구멍이 뚫려 있는 느슨하게 닫힌 순환 시스템이다. 따라서 동굴에 들어가면 인체도 외부가 느슨하게 닫힌 채 내부가 순환하게 된다.

깊은 동굴은 축축하고, 가끔 끈끈한 물방울이 톡톡 떨어진다. 오랜 시간 광물질을 머금어 무거워진 'EZ 물'이다. 동굴에 들어가면 호흡이 깊어진다. 또한 동굴 공기에 함유된 EZ 물이 기운을 끌어내려

안정시켜주므로, 호흡기 질환과 피부 질환, 알레르기 질환에 좋다. 또한 뇌와 눈의 혈액 순환이 좋아진다. EZ 물은 뇌척수액 순환도 좋게 하기에, 척추와 관절의 통증이 사라지고 움직임도 부드러워진다.

동굴은 바위의 무거운 기운으로 화가 치솟는 것, 마음이 동요하는 것을 가라앉힌다. 즉 스트레스가 풀리고 마음이 안정된다. 한의학적으로 동굴의 이런 효능은 모두 '폐'와 연결되어 있다. 동굴에 들어가면 자연스럽게 심호흡하면서 관절 스트레칭을 하는 것이 좋다. 석굴인지, 토굴인지, 종유석 동굴인지, 금광인지에 따라 효능에 차이는 있다. 석굴은 정서적 안정에, 토굴은 소화기 질환에, 종유석 동굴은 폐 질환에 좀 더 적합하다. 다만 공황장애나 폐쇄공포증이 있는 사람은 주의가 필요하다.

# 3

# 식물이 만든 보석,
# 이슬 치유

## 배치 플라워 요법

1930년대 영국의 의사 에드워드 배치Edward Bach는 이슬로 정신질환을 치료하는 일명 '배치 플라워Bach flower' 요법을 개발했다. 38종의 식물 꽃잎에 맺힌 이슬로 불안, 우울, 무기력 등을 치료한 것이다. 그는 환자의 병증에 적합한 꽃잎의 이슬을 골라 복용시켰다. 배치 박사는 꽃잎의 이슬은 그 식물의 치유력을 머금고 있다고 생각했다.

앞에서도 설명했듯이, 꽃잎의 이슬은 대기 중의 수분이 맺힌 결로가 아니다. 땅속에서 뿌리와 줄기, 꽃대를 타고 올라온 수분이 아침 햇볕을 받아 꽃잎에 맺힌 것이므로, 당연히 꽃마다 다른 에너지를 가지고 있을 것이다. 꽃잎에 맺힌 아침 이슬은 토양 미생물과 식물의 내생균을 머금고 있는 EZ 물이자 감로정이다.

## 나무마다 꽃마다 다른 효능

『동의보감』은 이슬의 치유 효과에 대해 이렇게 설명한다. '이슬은 오장을 보충하고, 몸의 진액이 말라가는 것을 보충하며, 눈을 밝게 한다. 온갖 풀잎의 끄트머리에 맺힌 이슬은 온갖 병을 낫게 하고, 온갖 꽃잎에 맺힌 이슬은 얼굴색을 좋아지게 한다. 이슬을 마시거나 받아서 엿처럼 고아 먹으면 오래 살고 배고프지 않게 된다. 정신병 약이나 폐를 촉촉하게 적셔 주는 약, 피부병 약에 이슬을 넣어 쓸 때는 가을이슬이 더 좋다. 눈 옆 태양혈(관자놀이)에 이슬을 바르면 두통이 멎고, 어깻죽지 안쪽의 고황혈에 이슬을 바르면 결핵이 치료된다.'

『본초강목』은 이슬이 '음기陰氣를 가진 액체'라고 했는데, 놀랍게도 이는 'EZ 물'이 음전하를 띠고 있다는 최근의 과학적 연구 결과와 일치한다.

어떤 나무, 어떤 풀에 맺힌 이슬인지에 따라 효능이 달라진다. 『동의보감』에 따르면 측백나무 열매는 피부를 윤기 있게 하고, 얼굴

**1**
산 서쪽 사면의
측백 잎에 맺힌 이슬

**2**
연잎에 맺힌 이슬

색을 좋게 하며, 눈과 귀를 총명하게 한다. 측백나무 이슬은 끈끈한 수지를 통과하여 나온 것이므로, 수렴하는 힘이 더 강하고 더 끈끈하며, 눈을 밝게 하는 효능이 있다.

벼잎 끄트머리에 맺힌 이슬은 위장을 좋게 하고 입에 침이 돌게 하며, 창포 잎에 맺힌 이슬은 심장의 열을 식히고 눈을 밝게 한다. 부추 잎에 맺힌 이슬은 뜨거워진 피를 식히고 구토를 멎게 하며, 연잎에 맺힌 이슬은 더위를 식히고 마음을 편안하게 한다. 국화꽃에 맺힌 이슬은 혈액을 보충하고 중풍을 안정시킨다.[4]

## 봄가을에 좋은 이슬 밟기

이슬 치유에는 이슬 내린 풀밭을 밟는 것도 포함된다. 근적외선이 강하게 내리쬐는 일출에서 오전 9시 사이에 맨발로 풀밭을 걷거나 그냥 서 있으면 된다. 서서히 허열이 내려가고 호흡이 깊어지는 것을 느낄 수 있다.

이슬 밟기를 할 때는 가급적 높은 나무로 이루어진 숲의 키 작은 풀밭이 좋다. 너무 높게 자란 풀밭은 진드기에 물릴 위험이 있기 때문이다. 이슬 밟기를 한 뒤에는 물린 자국이 없는지 다리를 잘 살펴야 한다. 걷고 난 후, 몸에 묻은 이슬은 닦지 말고 자연 건조하는 것이 좋다. EZ 물을 조금이라도 더 머금기 위해서다.

봄과 가을에는 아침 기온이 낮아서 이슬이 잘 맺히지만, 여름에는 이슬이 거의 맺히지 않는다. 또 봄가을이라도 사방이 건축물과 아스팔트로 막힌 도시의 공원에서는 이슬이 잘 맺히지 않는다. 균근 네트워크가 단절되어 먼 곳의 물을 끌어올 수 없기 때문이다. 따라서 이슬 밟기를 할 계획이라면 큰 산과 균근 네트워크가 잘 발달한 장소를 찾는 것이 우선이다.

**맨발로 이슬 맺힌 풀밭 걷기**
예진

# 4

# 왕성한 생명력,
# 갯벌 치유

## 폐가 탄생한 곳, 갯벌

갯벌의 치유 효과는 지구 생명체의 진화 과정과 연결되어 있다. 척추동물은 어류에서 시작해 양서류, 파충류, 조류, 포유류로 진화해 왔다. 아가미로 호흡하는 어류가 뭍에 올라오기 위해서는 폐 호흡이나 피부 호흡이 필요하다. 물과 뭍, 양쪽에서 살 수 있는 양서류를 살펴보면 어류가 어떻게 뭍으로 이동했는지 추정할 수 있다.

올챙이는 물에서 아가미 호흡만 하다가, 앞다리와 뒷다리가 나오면서 폐 호흡과 피부 호흡이 가능해지는데 이 상태에서 뭍으로 올라온다. 자연이 어떤 능력을 개발했다면 그것은 주어진 생태환경에서 살아남기 위한 치열한 노력의 결과다.

아가미 호흡에서 폐 호흡, 피부 호흡으로 변화하는 장소가 바로 '물'과 '뭍'의 경계인 '갯벌(늪)'이다. 갯벌 위를 뛰어다니는 짱뚱어는

아가미 호흡, 폐 호흡, 피부 호흡을 모두 할 수 있다. 양서류인 개구리와 도롱뇽은 늪이나 진흙 속에 알을 낳는다. 즉 갯벌(늪)은 폐가 탄생한 곳이다.

## 위장, 신장에도 좋은 갯벌

갯벌은 폐뿐만 아니라 위장에도 좋다. 서해안 갯벌은 형성된 지 8,000년 이상 되었고, 우포늪은 1억 4천만 년의 역사를 간직하고 있다. 오래된 갯벌과 늪은 감로정을 가득 머금고 있어 끝맛이 달고 비위를 건강하게 해준다. 갯벌과 늪의 엑기스를 먹고 자란 생물을 먹으면 소화 기능에 도움이 되는 것이다.

갯벌을 지구의 콩팥이라고도 부른다. 갯벌이 오염 물질을 정화하는 능력은 상상을 초월하는데, 10㎢의 갯벌이 25㎢ 규모 도시에서 10만 명이 배출하는 오염 물질을 정화한다.[5] 수도권에서 발생한 오염 물질은 한강으로 모여 서해로 흘러 들어가는데, 강화도 일대의 갯벌을 지나면서 정화된다. 서해 입구에 거대한 자연 하수종말처리장이 설치된 셈이다.[6] 바다에서 갯벌이 하는 이 역할을 지상에서는 늪이 한다.

서해안 갯벌
선재도

## 피부병, 위장병, 부종에 좋은 갯벌

갯벌의 치유 효과는 폐, 위장, 콩팥의 3가지 장기에 대응한다. 첫째, 폐(피부)의 기능을 돕는다. 갯벌에 가면 피부 호흡이 좋아져서 피부가 고와지고, 허열이 가라앉으면서 땀이 줄어든다. 갯벌 흙으로 머드팩을 해보면 바로 알 수 있다. 또한 폐는 몸속의 습기를 조절한다. 갯벌은 폐를 도와서 몸속의 습기를 순환시켜 건조한 피부는 촉촉하게 하고, 병적인 습기는 소변으로 빼낸다.

둘째, 위장 기능을 돕는다. 갯벌에 들어갔다 나오면 식욕이 없던 사람들도 금방 허기가 지고 입맛이 돈다. 갯벌이 비위의 습을 제거해 위장을 움직이게 하기 때문이다.

셋째, 콩팥 기능을 돕는다. 갯벌에 몸을 묻고 잠시 있으면 부종이 빠지고 호흡이 편해진다. 이는 갯벌의 정화 능력 때문이다.

한의학에서는 폐가 피부를 주관한다고 본다. 폐는 큰 호흡기, 피부는 작은 호흡기로 보는 것이다.


## 갯벌욕과 EZ 물

갯벌은 항상 EZ 물을 머금고 있다. EZ 물이 이렇게 많은 곳은 흔치 않다. 갯벌에 두 다리를 넣고 있으면 미세 전류가 흘러서 어싱 효과를 얻을 수 있다. 내 몸속 음전하가 증가하고 양전하는 소변으로 배출된다. 인체의 EZ 물 비중도 높아져 혈액 순환이 원활해지고 염증이 가라앉는다. 갯벌에 전신을 파묻고 있으면 효과가 극대화된다. 갯벌 표면을 플랑크톤이 덮고 있고, 그것을 경계로 느슨하게 닫힌 순환 시스템이 가동되기 때문이다. 이때 인체 내부도 순환하면서 치유력이 강화된다. 물요법과 마찬가지로, 갯벌에서 나왔을 때는 바로 씻지 말고 자연 건조한 후 씻는 것이 좋다.

갯벌에는 모래갯벌, 혼합갯벌, 펄갯벌이 있는데, 그중 펄갯벌에 EZ 물이 가장 많다. 더 오래되었고, 더 검으며, 더 많은 생명체를 먹여 살리기 때문이다. 펄갯벌은 늪처럼 발이 빠져 걷기가 힘들다. 갯벌에 갈 때는 물때를 잘 살피고 가야 한다. 물이 많이 빠질수록 갯벌이 더 찐득찐득하다.

갯벌욕은 6~9월이 적당한데, 그 외 계절에는 추워서 발만 담가야한다. 종종 조개껍데기에 상처를 입을 수 있으니, 발밑을 유심히 살피고 발을 사뿐사뿐 디디는 것이 좋다. 갯바위 근처에는 조개껍데기가 많으니 조심하자. 해파리 등 주변 생물도 조심해야 한다. 특히 몸에 아물지 않은 상처가 있다면 각별한 주의가 필요하다.

갯벌욕을 끝낸 뒤에는 뒤처리가 중요하다. 생각보다 잘 씻기지 않기 때문이다. 따라서 씻을 곳을 알아본 후 갯벌에 들어가야 한다. 잘 씻었다고 생각해도 흙이 묻어 있을 수 있다. 갯벌욕을 할 때 입었던 옷 역시 깨끗하게 세탁하기가 어렵다. 세탁기에 무리를 줄 수도 있으므로, 버려야 할 헌옷을 입고 들어가는 것이 좋다.

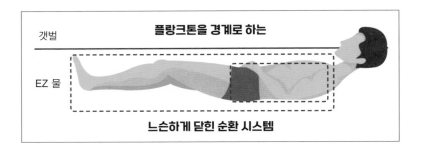

전신 갯벌욕의 효과

## 세계적으로 우수한 서해안 갯벌

우리나라는 전 국토의 3%가 갯벌인 갯벌 왕국이라 할 수 있다. 서해안은 황하와 한강으로 인해 토사 유입량이 세계적이며, 파도가 적고 조수간만의 차가 커서 갯벌의 질이 세계적으로 우수하다. 과거에는 쌀 생산이 지상 목표였기에 갯벌을 매립했지만, 이제는 갯벌을 치유의 장소로 봐야 한다. 갯벌의 치유 효과가 널리 알려지면 갯벌 보전에도 힘이 실릴 것이다.

갯벌이 없는 내륙에서는 늪지나 숲속의 질척한 흙을 찾으면 된다. 비가 오지 않아 건조한 때에도 숲속에는 물을 머금어 질퍽한 흙이 조금은 있기 마련이다. 두 발을 딛고 서 있을 넓이면 된다. 도시 인근의 산에서도 그런 흙을 찾을 수 있지만, 반드시 오염되지 않은 곳이어야 한다. 이때도 마친 후에는 발을 자연 건조한 후 물로 씻는다.

# 5 오래된 숲의 선물, 숲 치유

## 오감이 모두 행복한 시간

생태치유라고 하면 모두들 '숲 치유'를 떠올린다. 숲은 우리에게 가장 친근하고 가장 접근성이 좋으며 거부감도 없다. 오래된 숲은 감로정을 많이 머금고 있으며 미생물이 다양하다. 우리 나라는 1970년대 이전만 해도 나무를 땔감으로 써서 민둥산이 많았다. 그 후 석탄을 쓰게 되면서 서서히 숲이 회복되었다. 그래서 숲의 역사가 그리 오래되었다고 말하기 어렵다.

다행히 홍릉수목원, 광릉수목원 등 오래된 숲의 자취를 느낄 수 있는 곳이 남아 있다. 왕릉을 보호하기 위해 왕릉 인근의 나무를 벌채하지 못하게 한 덕분이다.

숲 치유는 오감을 통해 자연과 교감하는 것이다. 도시환경과 스마트폰 등 인공적인 색깔만 보던 사람에게 녹색 잎, 붉은 단풍, 생강나무의 노란 꽃, 함박꽃나무의 흰 꽃, 검은 능이 등 자연의 색깔을 보여주는 것이다. 인공 음향만 듣던 사람에게 자연의 물소리와 새소리, 나무가 흔들리는 소리, 잣나무 열매가 떨어지는 소리를 듣게 하면 귀가 이완된다. 인공의 향기만 맡던 사람에게 인동꽃 향이나 칡꽃 향, 생강나무 잎 향기를 맡게 하면 코가 이완된다. 인공조미료와 가공식품에 길든 사람에게 배초향과 산초 잎을 먹게 하면 혀가 이완된다. 아스팔트만 걷던 사람에게 푹신한 낙엽을 밟게 하면 피부 감각이 이완된다.

## 숲에 접속하는 방법

부담한 자극을 받으면 인체는 외부가 꽉 닫혀 버리거나 완전히 열려 버리면서 내부 순환이 멈춘다. 반면, 담한 자극은 인체 외부를 느슨하게 닫히게 하면서 내부를 순환시켜 치유를 시작한다. 숲 치유를 할 때는 맨발로 걷는 것이 좋고, 옷도 천연 소재 옷을 입는 것이 좋다. 발바닥과 피부를 통해 숲과 좀 더 교감할 수 있기 때문이다. 또한 숲과 내 몸이 소통하고 있다는 사실을 떠올리며 걷는 것이 좋다. 스마트폰을 보거나 다른 생각에 몰두하면 숲과의 교감이 약해진다.

숲을 맨발로 걸으면 나무, 풀, 그리고 다양한 균근 네트워크와 교감할 수 있다. 숲 이곳저곳을 맨발로 걸었다면, 자신에게 맞는 나무 근처에 서서 잠시 쉬도록 하자. 나무를 껴안거나 등을 기대고 쉬는 것도 좋다. 자신에게 맞는 나무 근처에서는 호흡이 더 깊어진다. 숲속 냇가에 발을 담그고 걷거나 물에 촉촉이 젖은 바위, 늪지 같은 웅

덩이에 서 있는 것도 좋다. EZ 물과 접촉하는 것이기 때문이다.

니시요법 중에 '풍욕'은 옷을 벗고 바람으로 목욕하는 것을 말하는데, 풍風이라는 한자에는 벌레 충 자虫가 들어 있다. 숲의 바람을 통해 많은 미생물과 꽃가루, 천연 향기가 전달된다. 풍욕

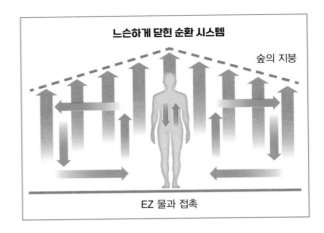

느슨하게 닫힌 순환 시스템

숲의 지붕

EZ 물과 접촉

산림욕의 치유 효과

을 할 때 담요를 덮었다 벗었다 하는 것은 모세혈관의 수축과 이완을 위해서이기도 하지만, 피부가 느슨하게 닫히도록 훈련하는 과정이기도 하다. 순환 시스템은 외부와의 경계(껍질)가 핵심인데, 느슨하게 닫히려면 열렸다 닫혔다 해야 하기 때문이다.

## 모든 숲은 제각각 다르다

똑같은 사람이 없듯이, 똑같은 나무도 똑같은 숲도 없다. 일단 침엽수림과 활엽수림 간에 차이가 있다. 소나무나 잣나무 같은 침엽수는 추위를 버티려고 기공을 최소화했으므로, 사람의 피부가 너무 열린 것을 닫아 주는 효과가 있다. 추석에 솔잎을 넣고 찐 송편을 먹는 것도 다가올 추운 겨울에 대비하는 것이다. 침엽수의 토양 미생물과 교류해도 같은 효과를 얻을 수 있다.

참나무, 버즘나무 같은 활엽수는 잎에 기공이 많은데, 사람의 피부가 너무 닫힌 것을 열어 주는 효능이 있다. 한의학에서 피부 뭉친

것을 풀 때나 여름 무더위를 풀 때 활엽수를 쓴다. 활엽수 곁에 서 있어도 같은 효과를 볼 수 있다. 그런데 나무의 종류가 같다고 효과가 같은 것은 아니다. 자라는 지역과 나무의 나이, 주변 식물들, 계절, 기후, 공해, 농약 노출 등에 따라 조금씩 달라진다.

숲이 만드는 피톤치드나 음이온 효과에 대해 들어보았을 것이다. 한의학적으로 음이온은 수승화강水升火降 효과를 나타낸다. 높은 곳에서 떨어진 폭포수에 음이온이 많이 발생하듯이, 키 큰 나무의 꼭대기에서 하강하는 음이온이 화를 내리고 안정시키는 효과가 더 강하다. 따라서 스트레스를 풀고 마음을 이완시켜 허열을 내리고 싶다면 높은 나무가 많은 숲이 좋다.

숲 치유를 할 때 주의해야 할 것이 있다. 에너지가 많은 아이들은 피부가 막히면 체온이 높아지므로, 모자를 씌우지 않는 것이 좋다. 반대로 노인들은 모자를 쓰고 피부를 좀 더 닫아서 에너지를 유지해야 한다. 또, 자신의 상황에 맞춰 침엽수림과 활엽수림을 선택하면 된다. 자연휴양림, 숲체원, 치유의 숲에서 '산림치유지도사'가 활동하고 있어 도움을 받을 수 있다.

# 6

# 텃밭과 정원,
# 치유농업

## 하루 2시간 보리밭 체험의 효과

텃밭이나 정원을 가꾸는 일은 단순히 정서적 측면 뿐 아니라 건강을 지키는 데도 큰 효과가 있다. 텃밭이나 정원에서 흙과 접하고 토양 미생물과 교류하며, 자신에게 적합한 식재료를 자연 친화적으로 재배해서 먹을 수 있다. 앞에서 나온 핀란드 어린이집 연구에서, 생물다양성이 풍부한 흙을 만지며 놀았던 아이들은 장내세균총이 안정되고 혈액의 면역 지표도 호전되었다.

성인 역시 흙을 접하게 되면 장내세균총이 달라진다. 장내세균이 더 다양해지고, 자신의 텃밭이나 정원에만 있는 미생물들이 대변에서 검출되며, 식이섬유를 발효하는 장내세균이 더 풍부해진다. 사람은 흙과 연결되어 있고, 연결되어야만 건강하다.[7]

2023년 농촌진흥청 국립식량과학원에서 치유농업의 효과에 대해 실험했다. 노인주간보호센터에 다니는 어르신들(25명)을 대상으로,

| 요인 | 사전 검사 | 사후 검사 | 변화 |
|---|---|---|---|
| 스트레스 | 2.28 | 1.61 | − 0.68 |
| 우울감 | 0.23 | 0.12 | − 0.11 |
| 삶의 만족도 | 4.04 | 4.50 | + 0.46 |
| 농촌활동에 대한 인상 | 3.54 | 4.71 | + 1.17 |
| 스스로 인지하는 나이 | 78.13 | 65.39 | − 12.74 |
| 만성질환자의 스트레스 | 2.30 | 1.55 | − 0.75 |

보리 치유농업 효과
국립식량과학원

주 1회 2시간씩 총 6주간 보리밭 치유농업을 체험하게 했다. 6주 후, 스트레스와 우울감이 유의미하게 감소했고 삶의 만족도가 향상되었다.[8]

원예 활동에 참여한 어르신들의 인지기능과 우울감, 자아존중감 등이 개선된 것은 '생태환경−균−뇌'를 통한 순환 시스템의 영향이라고 할 수 있다. 조부모들은 손자가 뛰어노는 것만 봐도 기분이 좋다고 한다. 자신이 키우는 식물이 무럭무럭 자라는 것만 봐도 신이 나는 것이다. 식물의 생명력은 사람에게 투영된다. 아이의 성장, 성인의 건강, 노인의 인지력도 텃밭에서 흙을 접하면 좋아질 수 있다. 이것이 치유농업이 추구하는 바다. 우리나라에서는 이미 '치유농업사'를 양성하고 있다.


## 치유농업과 신토불이

치유농업은 '신토불이'의 의미를 확장한다. 즉 먹거리를 넘어서 인간과 생태환경이 하나의 순환 시스템으로 녹아드는 것이다. 먹거리 생산에 사람이 참여하면 먹거리의 질이 좋아질 뿐만 아니라, 사람이 순환 시스템의 일원이 됨으로써 치유 효과를 높일 수 있다. 텃밭의 지표식물을 경계로 하는 땅의 순환 시스템 속에서 인체의 내부 순환도 원활해진다.

자연스럽게 제철 음식을 먹게 되니 신시불이身時不二도 저절로 이루어진다. 자연농법으로 재배하면 작물의 내생균도 잘 보존되어 장내세균이 풍부해진다. 텃밭은 생태환경 치유이자 먹거리 치유다.

주의할 점은 좋은 토양을 가진 텃밭을 찾아야 하고 최대한 자연의 방식으로 재배해야 한다는 것이다. 연구에 따르면, 텃밭의 흙에 알루미늄, 망간, 납 등 독성 금속이 있으면 항생제 내성균이 증가한다.[9] 중금속에 오염된 토양은 항생제 내성균의 생존과 번식에 적합한 환경이 되기 때문이다. 특히 노년층이라면 이런 부분에 더 신경써야 한다. 세균감염에 취약하기도 하고, 텃밭에서 더 많은 시간을 보내기 때문이기도 하다.[10]

# 참고문헌 및 주석

## 1장

1. Simard, Suzanne W., et al. "Net transfer of carbon between ectomycorrhizal tree species in the field." Nature 388.6642 (1997): 579−582.

2. 『Can the wood−wide web really help trees talk to each other?』; Josh Gabbatis, May 15, 2020, BBC Science focus

3. 『식물의 정신세계』 피터 톰킨스 외, 정신세계사, 1993.1.

4. 『어머니 나무를 찾아서』 수잔 시마드, 사이언스북스, 2023.11. 435p, 474p.

5. 『식물은 똑똑하다』 폴커 아르츠트, 들녘, 2013.8. 144p.

6. Gilbert, Lucy, and D. Johnson. "Plant&plant communication through common mycorrhizal networks." Advances in botanical research. Vol. 82. Academic Press, 2017. 83−97.

7. Song, Yuan Yuan, et al. "Defoliation of interior Douglas−fir elicits carbon transfer and stress signalling to ponderosa pine neighbors through ectomycorrhizal networks." Scientific reports 5.1 (2015): 8495.

8. Song, Yuan Yuan, et al. "Defoliation of interior Douglas−fir elicits carbon transfer and stress signalling to ponderosa pine

neighbors through ectomycorrhizal networks."

9. Lee, Yun Haeng, et al. "Targeting mitochondrial oxidative stress as a strategy to treat aging and age—related diseases." Antioxidants 12.4 (2023): 934.

10. 『장내세균 혁명』 데이비드 펄머터, 지식너머, 2016.8. 81p.

11. Strachan, David P. "Hay fever, hygiene, and household size." BMJ: British Medical Journal 299.6710 (1989): 1259.

12. Raison, Charles L., Christopher A. Lowry, and Graham AW Rook. "Inflammation, sanitation, and consternation: loss of contact with coevolved, tolerogenic microorganisms and the pathophysiology and treatment of major depression." Archives of general psychiatry 67.12 (2010): 1211—1224.

13. Fleming, John O., and Thomas D. Cook. "Multiple sclerosis and the hygiene hypothesis." Neurology 67.11 (2006): 2085—2086.

14. Fox, Molly, et al. "Hygiene and the world distribution of Alzheimer's disease: epidemiological evidence for a relationship between microbial environment and age—adjusted disease burden." Evolution, medicine, and public health 2013.1 (2013): 173—186.

15. Osada, Yoshio, and Tamotsu Kanazawa. "Parasitic helminths: new weapons against immunological disorders." BioMed Research International 2010 (2010).

16. Ni, Yangyue, et al. "A target—based discovery from a parasitic helminth as a novel therapeutic approach for autoimmune diseases." EBioMedicine 95 (2023).

17. Vatanen, Tommi, et al. "Variation in microbiome LPS

immunogenicity contributes to autoimmunity in humans." Cell
165.4 (2016): 842−853.

18. Bach, Jean−François. "The effect of infections on susceptibility
to autoimmune and

19. Bach, Jean−François, and Lucienne Chatenoud. "The hygiene
hypothesis: an explanation for the increased frequency of
insulin−dependent diabetes." Cold Spring Harbor perspectives
in medicine 2.2 (2012).

20. KilpelÄinen, et al. "Farm environment in childhood prevents
the development of allergies." Clinical & Experimental Allergy
30.2 (2000): 201−208.

21. Nair, Dhanya N., and S. J. T. S. W. J. Padmavathy. "Impact
of endophytic microorganisms on plants, environment and
humans." The Scientific World Journal 2014

22. Malinowski, Dariusz P., Ghiath A. Alloush, and David P.
Belesky. "Leaf endophyte Neotyphodium coenophialum
modifies mineral uptake in tall fescue." Plant and Soil 227
(2000): 115−126.

23. Chow, Chanelle, et al. "An archaic approach to a modern
issue: endophytic archaea for sustainable agriculture." Current
Microbiology 79.11 (2022): 322.

24. Thongsandee, W., Y. Matsuda, and S. Ito. "Temporal
variations in endophytic fungal assemblages of Ginkgo biloba
L." Journal of forest research 17 (2012): 213−218.

25. MartÍnez - Romero, Esperanza, et al. "We and herbivores
eat endophytes." Microbial Biotechnology 14.4 (2021): 1282−
1299.

26. Martínez‐Romero, Esperanza, et al. "We and herbivores eat endophytes." Microbial Biotechnology 14.4 (2021): 1282–1299.

27. 『장내세균의 역습』에다 아카시, 비타북스, 2020. 11. 151p.

28. 『어머니 나무를 찾아서』 469p.

29. Nurminen, Noora, et al. "Nature−derived microbiota exposure as a novel immunomodulatory approach." Future microbiology 13.07 (2018): 737−744.

30. Roslund, Marja I., et al. "Biodiversity. intervention enhances immune regulation and health−associated commensal microbiota among daycare children." Science advances 6.42 (2020): eaba2578.

31. Ding, Xue, et al. "Akkermansia muciniphila and herbal medicine in immune−related diseases: current evidence and future perspectives." Frontiers in Microbiomes 3 (2024): 1276015.

# 2장

1. Kim, Da Som, et al. "Attenuation of rheumatoid inflammation by sodium butyrate through reciprocal targeting of HDAC2 in osteoclasts and HDAC8 in T cells." Frontiers in Immunology 9 (2018): 1525.

2. 『장내세균 혁명』 17p.

3. Afzaal, Muhammad, et al. "Human gut microbiota in health and disease: Unveiling the relationship." Frontiers in

microbiology 13 (2022): 999001.

4. Jernberg, Cecilia, et al. "Long-term ecological impacts of antibiotic administration on the human intestinal microbiota." The ISME journal 1.1 (2007): 56–66.

5. 『장내세균 혁명』 186p.

6. revik, Eric C., et al. "Soil and human health: current status and future needs." Air, Soil and Water Research 13 (2020): 1178622120934441.

7. Cunningham, A. L., J. W. Stephens, and D. A. Harris. "Gut microbiota influence in type 2 diabetes mellitus (T2DM)." Gut Pathogens 13.1 (2021): 1–13.

8. 『위험한 유산』 스테파티 세네프, 마리앤미, 2022.11. 89p

9. Boursi, Ben, et al. "The effect of past antibiotic exposure on diabetes risk." European journal of endocrinology 172.6 (2015): 639–648.

10. Xu, Jia, et al. "Structural modulation of gut microbiota during alleviation of type 2 diabetes with a Chinese herbal formula." The ISME journal 9.3 (2015): 552–562.

11. 정신적인 투명성이 떨어지고, 집중력이 떨어지며, 기억력이 감퇴한 상태인데, 마치 머릿속에 안개가 낀 느낌이다.

12. 『장내세균의 역습』 8p.

13. Hylander, Bonnie L., and Elizabeth A. Repasky. "Temperature as a modulator of the gut microbiome: what are the implications and opportunities for thermal medicine?." International Journal of Hyperthermia 36.sup1 (2019): 83–89.

14. 『장내세균의 역습』 149p.

15. Page, Martin J., Douglas B. Kell, and Etheresia Pretorius. "The

role of lipopolysaccharide—induced cell signalling in chronic inflammation." Chronic Stress 6 (2022): 24705470221076390.

16. 『장내세균의 역습』 28p.

17. Natale, Gianfranco, et al. "The baseline structure of the enteric nervous system and its role in Parkinson's disease." Life 11.8 (2021): 732.

18. 『장내세균 혁명』 88p.

19. Maqsood, Raeesah, and Trevor W. Stone. "The gut—brain axis, BDNF, NMDA and CNS disorders." Neurochemical research 41 (2016): 2819—2835.

20. Dominguez—Bello, Maria G., et al. "Delivery mode shapes the acquisition and structure of the initial microbiota across multiple body habitats in newborns." Proceedings of the National Academy of Sciences 107.26 (2010): 11971—11975.

21. 『장내세균 혁명』 49p.

22. Song, Se Jin, et al. "Naturalization of the microbiota developmental trajectory of Cesarean—born neonates after vaginal seeding." Med 2.8 (2021): 951—964.

23. Song, Se Jin, et al. "Naturalization of the microbiota developmental trajectory of Cesarean—born neonates after vaginal seeding." Med 2.8 (2021): 951—964.

24. Davenport, Emily R., et al. "Seasonal variation in human gut microbiome composition." PloS one 9.3 (2014): e90731.

25. Ma, Betty W., et al. "Routine habitat change: a source of unrecognized transient alteration of intestinal microbiota in laboratory mice." (2012): e47416.

26. Hylander, Bonnie L., and Elizabeth A. Repasky. "Temperature

as a modulator of the gut microbiome: what are the implications and opportunities for thermal medicine?." International Journal of Hyperthermia 36.sup1 (2019): 83-89.

27. Grieneisen, Laura E., et al. "Genes, geology and germs: gut microbiota across a primate hybrid zone are explained by site soil properties, not host species." Proceedings of the Royal Society B 286.1901 (2019): 20190431.

28. Rothschild, Daphna, et al. "Environment dominates over host genetics in shaping human gut microbiota." Nature 555.7695 (2018): 210-215.

29. Grant, Erica T., et al. "Fecal microbiota dysbiosis in macaques and humans within a shared environment." PLoS One 14.5 (2019): e0210679.

30. Brame, Joel E., et al. "The potential of outdoor environments to supply beneficial butyrate-producing bacteria to humans." Science of the total environment 777 (2021): 146063.

31. Selway, Caitlin A., et al. "Transfer of environmental microbes to the skin and respiratory tract of humans after urban green space exposure." Environment international 145 (2020): 106084.

## 3장

1. 『신약본초-후편』 김일훈, 인산가, 2016.5. 250~251p.

2. https://hong0109.tistory.com/8

3. 『흙 생명을 담다』 케이브 브라운, 리리, 2022.7.

4. Hawkins, Heidi-Jayne, et al. "Mycorrhizal mycelium as a global carbon pool." Current Biology 33.11 (2023): R560-R573.

5. Naito, Yuji, et al. "Gut microbiota differences in elderly subjects between rural city Kyotango and urban city Kyoto: an age-gender-matched study." Journal of Clinical Biochemistry and Nutrition 65.2 (2019): 125-131.

6. Iizuka, Norio, et al. "Identification of common or distinct genes related to antitumor activities of a medicinal herb and its major component by oligonucleotide microarray." International journal of cancer 107.4 (2003): 666-672.

7. Li, Cailan, et al. "Comparison of Helicobacter pylori urease inhibition by rhizoma coptidis, cortex phellodendri and Berberine: mechanisms of interaction with the sulfhydryl group." Planta medica 82.04 (2016): 305-311.

8. Schuermann, David, and Meike Mevissen. "Manmade electromagnetic fields and oxidative stress&biological effects and consequences for health." International journal of molecular sciences 22.7 (2021): 3772.

9. Zhu, Zhihui, et al. "Association between mobile phone addiction, sleep disorder and the gut microbiota: a short-term prospective observational study." Frontiers in Microbiology 14 (2023): 1323116.

10. Vian, Alain, et al. "Plant responses to high frequency electromagnetic fields." BioMed research international 2016 (2016).

11. Manzetti, Sergio. "On the potential underlying cause of

electromagnetic field hypersensitivity: a connection to the gut microbiome." (2022).

12. Haim, Abraham, and Boris A. Portnov. Light pollution as a new risk factor for human breast and prostate cancers. Dordrecht: Springer, 2013.

13. 『햇빛의 선물』 안드레아스 모리츠, 에디터, 2016.6. 99-104p.

14. Wei, Lin, et al. "Constant light exposure alters gut microbiota and promotes the progression of steatohepatitis in high fat diet rats." Frontiers in Microbiology 11 (2020): 1975.

15. 『장내세균의 역습』 22p.

# 4장

1. McDonald, Daniel, et al. "American gut: an open platform for citizen science microbiome research." Msystems 3.3 (2018): 10-1128.

2. McDonald, Daniel, et al. "American gut: an open platform for citizen science microbiome research." Msystems 3.3 (2018): 10-1128.

3. 『위험한 유산』 310p.

4. McFarland, Lynne V. "Use of probiotics to correct dysbiosis of normal microbiota following disease or disruptive events: a systematic review." BMJ open 4.8 (2014).

5. Kristensen, Nadja B., et al. "Alterations in fecal microbiota composition by probiotic supplementation in healthy adults: a systematic review of randomized controlled trials." Genome

medicine 8.1 (2016): 1−11.

6.  Kaiser, Christina, et al. "Social dynamics within decomposer communities lead to nitrogen retention and organic matter build−up in soils." Nature communications 6.1 (2015): 8960.

7.  Coyte, Katharine Z., et al. "Microbial competition in porous environments can select against rapid biofilm growth." Proceedings of the National Academy of Sciences 114.2 (2017): E161−E170.

8.  『흙 생명을 담다』 195p.

9.  『흙 생명을 담다』 290p.

10. 『흙 생명을 담다』 304p.

11. Fernandez, M. R., et al. "Glyphosate associations with cereal diseases caused by Fusarium spp. in the Canadian Prairies." European Journal of Agronomy 31.3 (2009): 133−143.

12. Shehata, Awad A., et al. "The effect of glyphosate on potential pathogens and beneficial members of poultry microbiota in vitro." Current microbiology 66 (2013): 350−358.

13. Samsel, Anthony, and Stephanie Seneff. "Glyphosate, pathways to modern diseases II: Celiac sprue and gluten intolerance." Interdisciplinary toxicology 6.4 (2013): 159−184.

14. Samsel, Anthony, and Stephanie Seneff. "Glyphosate, pathways to modern diseases II: Celiac sprue and gluten intolerance." Interdisciplinary toxicology 6.4 (2013): 159−184.

15. Kumar, Sudhir, et al. "Glyphosate−rich air samples induce IL−33, TSLP and generate IL−13 dependent airway inflammation." Toxicology 325 (2014): 42−51.

16. KrÜger, Monika, et al. "Detection of glyphosate residues in

animals and humans." J Environ Anal Toxicol 4.2 (2014): 1—5.

17. Duysburgh, Cindy, et al. "A synbiotic concept containing spore—forming Bacillus strains and a prebiotic fiber blend consistently enhanced metabolic activity by modulation of the gut microbiome in vitro." International journal of pharmaceutics: X 1 (2019): 100021.

18. 『흙 생명을 담다』 101p.

19. Rook, Graham AW, Christopher A. Lowry, and Charles L. Raison. "Microbial 'Old Friends', immunoregulation and stress resilience." Evolution, medicine, and public health 2013.1 (2013): 46—64.

20. Ceballos, Gerardo, Paul R. Ehrlich, and Peter H. Raven. "Vertebrates on the brink as indicators of biological annihilation and the sixth mass extinction." Proceedings of the National Academy of Sciences 117.24 (2020): 13596—13602.

21. 『위험한 유산』 58p.

## 5장

1. Rao, Satish SC, et al. "Brain fogginess, gas and bloating: a link between SIBO, probiotics and metabolic acidosis." Clinical and translational gastroenterology 9.6 (2018): e162.

2. Leventogiannis, Konstantinos, et al. "Effect of a preparation of four probiotics on symptoms of patients with irritable bowel syndrome: association with intestinal bacterial overgrowth." Probiotics and antimicrobial proteins 11 (2019): 627—634.

3.  『어머니 나무를 찾아서』 16p.

4.  Pollack, Gerald H. "The fourth phase of water." Ebner and Sons Publishers: Seattle, WA, USA (2013).

5.  Ober, Clinton, Stephen T. Sinatra, and Martin Zucker. Earthing: The Most Important Health Discovery Ever?. Basic Health Publications, Inc., 2010.

6.  Mousa, Haider Abdul-Lateef. "Prevention and treatment of COVID-19 infection by earthing." Biomedical Journal 46.1 (2023): 60-69.

7.  Elkin, Howard K., and Angela Winter. "Grounding patients with hypertension improves blood pressure: a case history series study." Altern Ther Health Med 24.6 (2018): 46-50.

8.  Neoh, Seong Lee. "Exploratory study on the natural ground electric current that flows through human body as a possible pathway for the therapeutic effects of beach going." Complementary Therapies in Medicine 41 (2018): 161-168.

9.  Jamieson, Isaac A. "Grounding (earthing) as related to electromagnetic hygiene: An integrative review." Biomedical Journal 46.1 (2023): 30-40.

10. Bakhru HK. Curative powers of earth. The complete handbook of nature cure. 3rd ed. Mumbai, India: Jaico Publishing House; 2003.

11. Chevalier, GaÉtan, et al. "Earthing: health implications of reconnecting the human body to the earth's surface electrons." Journal of environmental and public health 2012 (2012).

12. Oschman, James L. "Perspective: assume a spherical cow: the role of free or mobile electrons in bodywork, energetic and

movement therapies." Journal of Bodywork and Movement Therapies 12.1 (2008): 40−57.

13. Oschman, James L. "Perspective: assume a spherical cow: the role of free or mobile electrons in bodywork, energetic and movement therapies." Journal of Bodywork and Movement Therapies 12.1 (2008): 40−57.

14. Abdul−Lateef, Haider. "Prevention and treatment of COVID−19 infection by earthing." Biomed J 46 (2023).

15. Pollack, Gerald H. "The fourth phase of water." Ebner and Sons Publishers: Seattle, WA, USA (2013).

16. Pollack, Gerald H. "The fourth phase of water." Ebner and Sons Publishers: Seattle, WA, USA (2013).

17. 하나의 분자가 전체적으로는 중성이지만, 분자 내의 한 부분은 음전하를 띠고 다른 쪽은 양전하를 띠는 것이다. 이러한 분자는 마치 막대자석처럼 쌍극자가 되며 극성이라고 한다.

18. Cowan, Thomas. Human heart, cosmic heart: A doctor's quest to understand, treat, and prevent cardiovascular disease. Chelsea Green Publishing, 2016.

19. Pollack, Gerald H. "The fourth phase of water." Ebner and Sons Publishers: Seattle, WA, USA (2013).

20. Ottman, Noora, et al. "Soil exposure modifies the gut microbiota and supports immune tolerance in a mouse model." Journal of allergy and clinical immunology 143.3 (2019): 1198−1206.

21. Sun, Xin, et al. "Harnessing soil biodiversity to promote human health in cities." npj Urban sustainability 3.1 (2023): 5.

22. Mills, Jacob G., et al. "Urban habitat restoration provides a

human health benefit through microbiome rewilding: the Microbiome Rewilding Hypothesis." Restoration ecology 25.6 (2017): 866–872.

23. Sun, Xin, et al. "Harnessing soil biodiversity to promote human health in cities." npj Urban sustainability 3.1 (2023): 5.

24. Stein, Michelle M., et al. "Innate immunity and asthma risk in Amish and Hutterite farm children." New England journal of medicine 375.5 (2016): 411–421.

25. Mulder, Imke E., et al. "Environmentally–acquired bacteria influence microbial diversity and natural innate immune responses at gut surfaces." BMC biology 7.1 (2009): 1–20.

26. Blum, Winfried EH, Sophie Zechmeister–Boltenstern, and Katharina M. Keiblinger. "Does soil contribute to the human gut microbiome?." Microorganisms 7.9 (2019): 287.

27. Roslund, Marja I., et al. "Biodiversity intervention enhances immune regulation and health–associated commensal microbiota among daycare children." Science advances 6.42 (2020): eaba2578.

## 6장

1. Rosenberg, Eugene, and Ilana Zilber–Rosenberg. "The hologenome concept of evolution after 10 years." Microbiome 6 (2018): 1–14.

2. Levchenko, P. A., N. N. Dubovik, and R. I. Delendik. "Our experience with the application of the speleotherapeutic

treatment based at the state healthcare facility 'Republican Speleotherapeutic Hospital'." Voprosy kurortologii, fizioterapii, i lechebnoi fizicheskoi kultury 6 (2014): 26–29.

3. Zhu, Wei, et al. "Gut microbiota reflect adaptation of cave-dwelling tadpoles to resource scarcity." The ISME Journal 18.1 (2024): wrad009.

4. 『수식거음식보(隨息居飮食譜)』水飮類 露水

5. 青山裕晃. "干潟域の水質浄化機能——色干潟を例にして." 月刊海洋 28 (1996): 178–188.

6. 『여행작가』 '힐링 섬 기행 – 주문도 갯벌은 자연의 콩팥이다', 김선인, 2016.11.

7. Brown, Marina Delrae. Habitual gardening and the human gut microbiota. Diss. University of Illinois at Urbana–Champaign, 2021.

8. 『보리가 나를 치유한다고?』 농촌진흥청 국립식량과학원, 2024.3. 49p.

9. Knapp, Charles W., et al. "Relationship between antibiotic resistance genes and metals in residential soil samples from Western Australia." Environmental Science and Pollution Research 24 (2017): 2484–2494.

10. Lee, Jung Hun, et al. "Antibiotic resistance in soil." The Lancet Infectious Diseases 18.12 (2018): 1306–1307.

◇ 당신은 언제나 옳습니다. 그대의 삶을 응원합니다. — **라의눈 출판그룹**

# 몸과 마음을 치유하는 미생물 이야기

초판 1쇄 | 2025년 5월 15일

지은이 | 최철한
펴낸이 | 설응도                    편집주간 | 안은주
편집장 | 심재진                    디자인 | 박성진

펴낸곳 | 라의눈

출판등록 | 2014년 1월 13일(제 2019-000228호)
주소 | 서울시 강남구 테헤란로 78 길 14-12(대치동) 동영빌딩 4층
전화 | 02-466-1283          팩스 | 02-466-1301

문의 (e-mail)
편집 | editor@eyeofra.co.kr
마케팅 | marketing@eyeofra.co.kr
경영지원 | management@eyeofra.co.kr

ISBN 979-11-94835-00-4   03470